活用平面&立體畸零小空間

角落小花園

BOUTIQUE-SHA◎編著

活用平面&
立體畸零小空間

無論空間多麼狹小都能打造一方小庭園

「家庭」一詞，是由「家」與「庭」兩個字組合而成。想要擁有舒適的生活條件，的確也需要具備家與庭兩大要素。

考量到如今的住宅現況，「要擁有寬敞舒適的庭園實在是太困難了……」因而煩惱不已的人想必不少吧！不過，沒關係，不管空間多麼地狹小，善加利用都能夠打造令人閒適的居家小庭園。

玄關前短短幾步的空間，或是門柱下、圍牆邊與鄰宅交界處的狹窄通道等，只要發揮巧思與創意，就能夠變身為雅致庭園。即使只是栽種植物而不加裝飾，也能構成賞心悅目的盎然庭園。

即使完全沒有闢建庭園的空間也沒關係，只要活用立體空間，依然可以打造出美麗的花園。利用圍籬或圍牆，以花盆或壁掛吊盆栽種植物加以裝飾，小空間亦能展現精彩亮眼的表現。

本書收錄的庭園實例，皆是活躍於日本全國各地的戶外景觀設計業者，所成功打造的居家小庭園。

其中也包含以全彩步驟圖，詳細解說的組合盆栽、壁掛吊盆、花壇等DIY作法。

別再因為住宅空間狹小就放棄擁有庭園的夢想！快來參考本書，盡情享受打造角落小花園的樂趣吧！

CONTENTS

※本書為在日本廣獲好評的雜誌書BOUTIQUE BOOK No.1464《小さな庭づくり》，增添新內容後重新編輯。
※書中施工實例的「庭園面積＝○坪」表示僅刊載照片部分的面積，其他（施工面積、施工期間、參考費用）則是各屋主委託戶外工程業者的相關數據及資料。
※本書中庭園實例的施工期間、費用等相關數據資料，皆經過施工業者與委託者同意，秉持善意僅供參考之用。

以綠意盎然的植栽迎接客人來訪

屋前庭園

版面設計＝橋本祐子（P.4至16）

大門周邊與玄關前，是迎接客人到訪的居家「門面」。居家門面清爽舒適才能夠迎接客人來訪，回家後才能夠放鬆心情。此類空間最適合以草花與樹木美化環境，打造成美麗的屋前庭園（前庭）。

▲ 正面全景。植物與構造物完全融合、共生共榮的空間。

綠意盎然＆花團錦簇的屋前庭園

庭園面積 約 **8** 坪

新建S宅。著重庭園與建築物之間整體協調美感，打造植物與構造物完全融合、共生共榮的空間，懷著這個念頭完成庭園建造計畫。

門前砌築灰泥牆，設計為鏤空式視覺可穿透的圍牆，將剛硬的牆面變為溫潤的感覺。透過縫隙（Slit）鏤空隱約地看見庭園設計重點的馬賽克磁磚與植物，讓走過門前的人對牆內產生濃厚的興趣。

以灰泥牆為背景，規劃多年生草本植物為主的植栽空間。牆腳下植物茂密生長，柔化牆壁的銳利線條，營造溫暖柔美氛圍。

入口通道鋪設平面狀天然石材，與重點裝飾用馬賽克磁磚。石材縫隙間以草類植物點綴，使線條顯得柔美。牆面適度地遮掩建築物正面，鋪設地面素材的顏色富於變化，增添活潑感。

以光臘樹為庭園象徵樹，種在能夠遮擋建築物外凸角與門柱的位置，發揮柔化效果，使整體設計顯得十分優雅柔美。

▲ 以光臘樹為象徵樹。種植在能夠遮擋外凸角與門柱的位置，樹下則挑選了攀根、白龍草等。

▲ 門前的灰泥牆，設計了具穿透感的長條形鏤空，柔化牆面的剛硬印象。並以前後錯開配置，營造縱深感。

▲ 從前側看不到的矮牆背面設置灑水龍頭。

◀ 地面鋪貼了馬賽克磁磚為視線焦點。

◀ 以灰泥牆為背景的植栽空間，以多年生草本植物為主要植物，有紅竹葉、迷迭香、聖誕玫瑰、鈕釦藤等。

◀ 入口通道處鋪貼平板狀天然石材，與構成視線焦點的馬賽克磁磚縫隙間栽種玉龍草，使地面線條變得柔美。

■**多年生草本植物（宿根草）**

草花、雜草、香草等，休眠期地上部分枯萎，留下根部或地下莖，成長期再度發芽，年復一年地繼續生長的植物。

■**植栽**

栽種草木的作業稱為植栽。栽種草木的場所也稱為植栽。

■**象徵樹**

庭園裡最具象徵（Symbol）意義的樹木。

■外凸角

兩面牆或木板相交處具有角度，所呈現外凸的部份。

東京都 S 宅

施工面積＝約 11 坪

施工期間＝約 10 日

設計 ・ 施工＝（有）庭樹園

庭園面積 約 7 坪

古色古香讓人不由地聯想歐洲鄉間景色的庭園

▲ 沿著入口通道階梯踏面邊緣處設置枕木。

▲ 優雅大方的鍛造庭院門。

▲ 栽種喜愛的花卉與觀葉植物，讓人不由地聯想歐洲鄉間景色的庭園。

■階高
階梯的梯級高度。戶外階梯的標準梯級尺寸15至20cm。

東京都 M 宅
施工面積＝約 7 坪
施工期間＝約 14 日
參考費用＝約 250 萬日幣
設計 ・ 施工＝（株）CLOVER GARDEN

新建M宅。屋主M先生提出了「希望打造一座風格獨特，充滿古典氛圍的庭園」的期望。

因此，完成了這座「展現美麗風采風格」設計的庭園。

在高牆上開闢了印象深刻的拱形窗，營造英式鄉村風情意象的花壇。為庭園傳遞出寬敞和悠閒感。

善加利用植栽、鐵件、枕木、庭園小物等配置，完成古典又優雅庭園。

▲傳統古磚、庭園照明、裝飾小物等都很講究。

平面圖・透視圖　製圖＝（株）CLOVER GARDEN

◀小窗下的紫色小花是粉萼鼠尾草。

以綠意盎然的植栽迎接客人來訪

屋前庭園

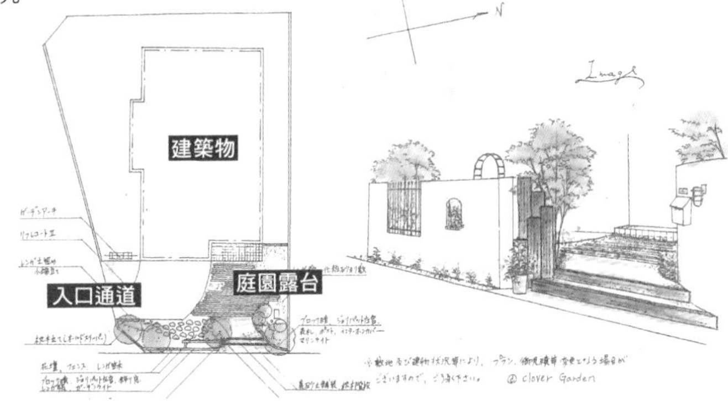

◀設置枕木立式水栓的頹毀風花壇。充滿時光流轉意象。

改造之後，隔著入口通道設置影壁牆與木角柱，縮小入口處，營造封閉隱密感。

施工後

▲▼ 改造之前的開放式結構，幾乎看不到植栽。

▲ 改造之後設置滑動門。

適度植栽而成為充滿自然氛圍的屋前庭園

熱愛自然氛圍的M先生，委託改造庭園的需求是「希望將開放式結構改造成封閉式」。但由於在意開放式結構下的安全防護問題，希望改造成封閉式，卻又顧慮封閉式設計會有壓迫感，因此期望打造成充滿自然氛圍的優雅庭園。

因此發揮巧思，從庭園植栽與入口通道動線方面進行改造，完成了乍看為封閉式結構，實際上充滿自然柔美氛圍的開放空間式的設計。

隔著入口通道似地配置影壁牆與木角柱，稍微縮小入口處範圍，技巧地營造出隱蔽感。繼而配置草花與庭園樹木，打造可沿途欣賞美麗草花，又方便往來通行的入口通道。

停車場前以柵欄式滑動門區隔空間。一旁的道路，則以木角柱與植栽佈置出充滿柔美感覺。

相較於未規劃植栽空間的改造前的外觀樣貌，改造之後，整體外觀更加地融合原本的建築風格，增添自然的氣息。

▲ 設置影壁牆時，前後錯開配置，適度地傾斜以增添變化。

▲ 精心規劃的植栽與入口通道的動線。

▲ 充滿清爽感的斑葉齒葉溲疏。

▲ 優雅時尚的裝飾鐵件。

▲ 牆腳下栽種草類植物紅竹葉、彩葉草等。

▲ 進出通到時，能一邊欣賞沿途草花。

以綠意盎然的植栽迎接客人來訪

屋前庭園

◀ 木角柱下方地帶栽種繡球花。

◀ 以玉簪、囊距花等草類植物增添色彩。

透視圖 製圖＝SPACE GARDENING（株）

千葉縣 M 宅
施工面積＝約 6 坪
施工期間＝約 14 日
設計・施工＝SPACE GARDENING（株）

■開放式外部結構
室外設計手法之一。面向道路以植栽為主、呈現開放式的室外設計形式。

■封閉式外部結構
室外設計的手法之一。以門或圍牆將住家圍繞，維護隱私效果佳。

■分布斑紋
以相異色斑紋呈現於植物的葉、花、莖等處。

▲ 正面大門全景。兩面氣勢磅礴（歐式拼接大理石）、存在感強烈的影壁牆為最主要印象（主視覺）。

極具存在感的影壁牆與植栽構成大門周邊的優美景致

平面圖・立面圖・透視圖 製圖＝SPACE GARDENING（株）

建築物

停車空間

入口通道

影壁牆

以綠意盎然的植栽迎接客人來訪

屋前庭園

庭園住宅基地有高低落差的K宅。屋主提出的外部結構（Exterior）改造需求是「希望打造簡單素雅、充滿時尚感&開放氛圍的半開放式外部結構」。

最先想到的主題是「稍微改變就截然不同！搖身一變成為充滿存在感的室外空間！」

以兩面巨大影壁牆為特徵的大門周邊設計，兩面牆前後錯開配置以營造縱深感，未設立門但就像封閉式的戶外結構般，十分隱密安全。

階梯、玄關區域的入口通道及動線，若規劃成直線狀，景觀上缺乏美感太無趣，牆壁往左右前後錯開後配置，整個動線更加地靈活運用，完成影壁牆、象徵樹、搭配栽種的草類植物等，自然地納入視野的設計。影壁牆前植栽大大地發揮了降低牆壁壓迫感的作用。

改造時嚴選素材，以天然石材裝飾影壁牆與入口通道，因而顯得更加高級精緻。天然石材處於潮濕狀態時，顏色就會呈現出深淺變化。下雨時可欣賞不同的風情。

改造部分非常少，屋前庭園的感覺卻截然不同。K先生滿臉喜悅地表示：「這是一件非常了不起的設計，我感到很滿意」。

▲▼ 高雅時尚的姓氏名牌、信箱、門燈。
姓氏名牌＝ DEA'S GARDEN「A-07 S 類型」

▲ 左側影壁牆。象徵樹為落葉樹紅山紫莖。以白牆為背景，以突顯紅山紫莖的葉與枝態之美。

▲ 口通道處鋪設天然石材，為空間增添明亮印象。

▲ 右側影壁牆。影壁牆以不同石紋及深淺色系搭配，更顯精緻典雅。牆腳下栽種植物可降低牆面的壓迫感。

◀▲ 停車空間改造前（上）＆改造後（左）。

▲ 紫色薰衣草。

▲ 粉紅色花朵的泡盛草。

千葉縣 K 宅
施工面積＝約 4 坪
施工期間＝約 21 日
設計 ・ 施工＝ SPACE GARDENING（株）

■半開放式外部結構
室外設計方法之一。圍繞建築物周圍設置圍牆，但其中一部分留下空隙營造穿透感，避免太封閉而產生壓迫感。

■影壁牆
日文稱「門袖」，取代門，設置於大門前的牆壁。

▲ 橘色大理花。

▲ 搶眼的香龍血樹。

◀▲ 室外結構全景改造前（上）＆改造後（左）。稍加改造後呈現判然不同的美觀景致。
OVER DOOR ＝ LIXIL（TOEX）「WIDE OVER DOOR S1 型」

▶建築物出入口改造之後樣貌。圓弧曲線型的門柱和花壇。並栽種四照花、穗花牡荊、月桂樹等植物。

庭園面積
約 8 坪

▶改造前。門前僅規劃小小的植栽空間，鋪設的木磚已腐朽不堪使用。

▶一直在門口的造景石，改造時善加利用，成為花壇的一部分。

綠意盎然的庭園＆建築物入口

庭園改造工程實例。改造之前，庭園住宅基地上蓋滿建築物，周圍設置木棧露台。只有門前規劃一小部分植栽空間，原本鋪設的木磚已腐朽不堪使用，因而決定進行改造。屋主M先生的改造需求是「希望能夠預留停車空間，並多一些植栽空間」。

庭園空間並不寬敞時，需發揮巧思，運用紅磚線條與植栽大小遠近配置法，使空間顯得寬廣。

將既有的庭園造景石（庭園內重點造景的石材）再利用，成為花壇的一部分。

充分考量動線，將原本朝向起居室方向開啟的門重新配置後，改為朝著玄關方向開啟。設置門柱時，周延考量視線延伸，加高起居室窗前的高度。

■帶狀庭園
介於不同區域交界處，具有區隔作用的帶狀庭園。

兵庫縣 M 宅
施工面積＝約 8 坪
施工期間＝約 16 日
參考費用＝約 100 萬日圓
設計 ・ 施工＝（株）四季 SUN LIVE

※使用素材
壁材＝四国化成工業「pallet」 瓦、門柱裝飾玻璃＝ONLY ONE「カワラインプロバンス」・「STAINED BRICK」 門、信箱＝LIXIL（TOEX）「ローシェン2型」・「EXPOST S-1」。

以綠意盎然的植栽迎接客人來訪

屋前庭園

◀ 建築物出入口遠景。運用紅磚線條與植栽大小遠近配置法，看起來更加寬敞舒適。

◀ 大門周邊與入口通道。庭園門朝著玄關方向開啟。

◀ 角落以石磚設置了花檯。

▲ 白色花植物為西洋繡球、喬木繡球。

◀ 考量視線延伸，設置門柱時，加高起居室窗前的高度。

▲ 併設於花檯處的水栓與水管掛架。

▲ 水栓周邊。栽種穗花牡荊、月桂樹、金葉風箱果等植物。

◀由二樓俯瞰帶狀庭園景致。

大人覺得可愛的 西洋風屋前庭園

庭園住宅南側鄰接道路。夫婦倆都喜愛植物，建造需求是「希望使用紅磚，打造充滿可愛氛圍的外部結構」。擬定庭園建造計畫時，腦海裡滿是紅磚、枕木、草皮等關鍵字。精心設計能夠沿途欣賞美景又方便通行的長形入口通道。紅色郵箱成了重點配色。栽種藍色雛菊、蠟菊、薰衣草、迷迭香、紅葉木藜蘆等草花，由左至右依序栽種光臘樹、橄欖、多肉植物（Milky Way）、銀姬小蠟、紅花繼木等樹木。

德島縣 S 宅
施工面積＝約 10 坪
施工期間＝約 30 日
參考費用＝約 20 萬日圓（植栽工程）
設計・施工＝（株）橘

庭園面積
約 10 坪

門柱・角柱下方
栽種季節花草增添色彩

大人享受樂趣的 自然風屋前庭園

「希望打造簡單素雅、充滿可愛氛圍的外部結構」，因應屋主需求，於郵箱、露台下方空間，栽種季節花草，完成賞心悅目的外部結構。女主人盡情地享受喜愛的園藝樂趣。門柱下方栽種粉萼鼠尾草、勳章菊、銀葉菊、冬青等植物。

千葉縣 M 宅
施工面積＝約 12 坪（建築物正面）
施工期間＝約 14 日
參考費用＝約 150 萬日圓
設計・施工＝（株）Garden TIME

充滿綠意・外觀可愛的 建築物出入口

屋主需求是「外觀華麗又可愛的空間」，因此完全不區分功能地納入停車空間與入口通道等設施，成為「Garden」的一部分。因此停車空間將捨去硬梆梆的水泥結構，採用圓角、引導植物攀爬，完成柔美可愛的設計。適當地配置庭園樹木，整座庭園住宅基地都成為庭園空間，下方栽種的灌木與地被植物，不同季節觀賞不同花朵，完成一年四季都華麗繽紛的屋前庭園。由左至右栽種野茉莉、連香樹、光臘樹、日本紫莖等樹木，以及百里香、常春藤等植物。郵箱＝SEKISUI DESIGN WORKS「BOBI」

茨城縣 S 宅
施工面積＝約 25 坪
施工期間＝約 21 日
參考費用＝約 150 萬日圓
設計・施工＝（株）Garden TIME

庭園面積
約 25 坪

充滿綠色資源・古色古香的屋前庭園

完全紅磚打造，外觀華麗，充滿傳統古典氛圍的建築物，為了避免破壞整體氛圍，極力地完成簡單素雅的屋前庭園設計。重點規劃植栽空間，經過熱愛園藝的屋主夫妻倆的悉心維護整理，轉眼之間，庭園顯得更為優雅美觀。玄關前以盆花與庭園裝飾作出最完美的演出。左側配置蔓性玫瑰、玉簪、蕨類、加拿大唐棣等植栽，右側樹木形成樹蔭為建築物遮擋陽光增添涼意。由左至右栽種蔓性玫瑰、玉簪、蕨類、加拿大唐棣等植物。

茨城縣 A 宅
施工面積＝約 12 坪
施工期間＝約 14 日
參考費用＝約 150 萬日圓
設計 ・ 施工＝（株）Garden TIME

庭園面積
約14.5坪

灰泥牆・紅磚＆搭配性絕佳的植物，打造生意盎然的西洋風屋前庭園。

配合都市景觀 構築自然風屋前庭園

坐落在都市景觀絕佳地段的住宅屋前庭園。門柱砌成圓形，並在入口通道與圍籬下方，自然地排放造型石磚，構成擋土設施，相對於樹木與花卉，發揮巧思，消除存在感。栽種樹木時選用自然風雜木，盆花容器也很講究，精心挑選陶盆（素燒盆）等天然素材，表現充滿自然氛圍，花卉植物欣欣向榮生長的屋前庭園。

兵庫縣 O 宅
施工面積＝約 14.5 坪
施工期間＝約 10 日
設計 ・ 施工＝（株）四季 SUN LIVE

洋溢地中海風情的屋前庭園

配合濃厚的地中海風情建築外觀，精心挑選植物。入口通道鋪設古磚，營造經歲月洗禮後的自然變化（伴隨時間呈現變化）感。另以中古枕木增添古典氛圍。栽種兩株香龍血樹作為象徵樹，樹下搭配栽種紅竹葉、香龍血樹、野扇花、百里香等植物。

茨城縣 K 宅
施工面積＝約 20 坪
施工期間＝約 30 日
參考費用＝約 300 萬日圓
設計 ・ 施工＝（株）Garden TIME

保留建築物剛硬豪邁印象，栽種植物增添自然氛圍的屋前庭園。

配合建築物設計，保有剛硬豪邁印象，栽種植物營造優雅氛圍。栽種落葉樹野茉莉作為象徵樹。門牆腳下由左至右依序栽種小手毬、薰衣草、馬鞭草、百里香等植物，再加上綠油油的草坪，以植物增添柔美氛圍。
郵箱＝ONLY ONE「VARIO PLAIN」

茨城縣 K 宅
施工面積＝約 23 坪
施工期間＝約 14 日
參考費用＝約 220 萬日圓
設計 ・ 施工＝（株）Garden TIME

喬木 ・ 灌木 ・ 地被植物組合構成豐富綠色資源

喬木・草類・地被植物一起打造綠色資源豐富的屋前庭園

避免妨礙到建築物，極力完成簡單優雅庭園設計。左起依序栽種光臘樹、連香樹等樹木，樹下搭配栽種銀姬小蠟、珍珠繡線菊、金絲桃等草本植物。以落葉連香樹（圖中右側）為象徵樹，秋季呈現楓紅景象美不勝收，與春夏展現截然不同風貌值得好好欣賞。播下馬蹄金種子，發芽長成地被植物取代草坪。一年四季都可欣賞綠油油的美景，而且幾乎不需要維護整理。植物健康地成長，漸漸地覆蓋土壤，綠化了環境。

茨城縣 W 宅
施工面積＝約 18 坪
施工期間＝約 7 日
參考費用＝約 100 萬日圓
設計 ・ 施工＝（株）Garden TIME

栽種植物增添色彩的雅石庭園

外觀時尚充滿設計感的建築物，高雅大方的建築物出入口。靠近建築基礎（土台），以雅石庭園適度地遮擋，且降低外觀冰冷堅硬感覺。栽種四季常綠光臘樹作為象徵樹，搭配栽種小手毬、美容柳、銀姬小蠟等灌木，以及百里香、紫唇花、礬根等地被植物。鋪面石材・天然石材＝三樂「FOREST PAVING」、「和美石華茶」

茨城縣 B 宅
施工面積＝約 15 坪
施工期間＝約 21 日
參考費用＝約 135 萬日圓
設計 ・ 施工＝（株）Garden TIME

庭園面積
約 15 坪

屋前庭園的建造要點

栽種植物就能夠大大地改善玄關前的意象。栽種前必須深入了解植物的特性與適合栽種的環境。建築物落成後規劃植栽時，請多加參考專家們的意見。像是這株樹苗將來會長成高大樹木嗎？這是落葉樹還是常綠樹？會結果嗎？容易有病蟲害嗎？栽種植物前必須充分地考量環境因素，適當地搭配種植（配置植物後栽種）。

指導＝小澤明（庭樹園社長）、版面設計＝橋本祐子（P.17）

玄關前栽種植物打造屋前庭園

◀改造前。

◀ 改造之後立即變身為「期待人來欣賞的庭園」，能夠深刻地感受到天然素材散發的溫和舒適感。天然石頭推砌成花壇，襯托草花，演繹出穩靜的氛圍感。栽種楊梅、藍莓、馬醉木、五色南天竹等樹木。栽種草花植物包括初戀草、外毛百脈根、迷迭香、百里香、聖誕玫瑰、斑葉木藜蘆、斑葉紫金牛、香董菜。

庭園面積 約 5 坪

玄關前屬於狹長空間時，善用天然石材、木材、沙礫等天然素材與植物組合，依然能夠打造出優雅舒適的屋前庭園（前庭），迎接客人來訪。庭園不需要拘泥西式或日式，懷著現代感，儘可能試著採用天然素材，將重點擺在「欣賞、感受庭園」為重點。

建築物的外牆與道路之間闢建花壇

建築物外牆與道路之間僅有的幾公分空間也別放棄，來作最有效的利用吧！設立圍籬或柵欄，引誘蔓性植物攀爬，即完成優雅花壇。既可遮擋投注窗戶方向的視線或陽光，路過行人也覺得賞心悅目。

◀ 建築物右側的低矮紅磚造花壇。蔓性植物攀爬，遮擋投向浴室的視線。引導蔓性植物素馨葉白英爬上Wrought iron（鍛鐵）圍籬。圍籬下方左起栽種日日春、鞘蕊花、粉萼鼠尾草。

妝點植物在縫隙處增添色彩

縫隙（接縫）般狹小空間，除了栽種玉龍草等植物之外，善加利用成長速度緩慢、不同色系、花期長的植物，依栽種環境區分使用，就能夠打造賞心悅目的庭園。

◀ 狹窄縫隙間栽種不同色植物實例。左起達摩南天竹、粉花繡線菊（西洋繡線菊）。

栽種植物構成的立體花壇

◀ 圖中最前方設置方尖塔型花架，引導鐵線蓮與素馨葉白英攀爬構成立體花壇。下方栽種黃花酢漿草。後方花壇栽種一年生草本植物三色董與羽葉薰衣草的交配種。

玄關前的一小塊空間，設置方尖塔型花架，引誘蔓性植物攀爬，完成美不勝收的立體花壇。當無法使用木圍籬或砌築牆壁等情況下，建議設置方尖塔型花架。

※P.17 施工實例皆為（有）庭樹園設計、施工。

花團錦簇的 花卉庭園

版面設計＝橋本祐子（P.18 至 P.28）

打造繽紛多彩的庭園，絕對不可或缺的就是花卉植物。隨季節更迭時為庭園增添色彩的一年生草本植物、每年都綻放漂亮花朵的多年生草本植物與樹木、散發香氣的香草類植物……。花卉鮮活蓬勃的魅力無限。

▲三色堇、菊花（North Pole）、金盞花等一年生的草本植物，將圓形立體花壇（Raised bed）顯得豐富熱鬧。

坐落於角落地段的S宅，佔地寬廣，庭園裡花團錦簇，隨處綻放花朵。栽種的花卉種類多到連熱愛園藝的女主人都數不清。

房子的外部結構優雅大方，建築物周圍設置灰泥牆與枕木，隨處留點空隙，甜美可愛的花朵悄悄地探出頭來。淡雅白色灰泥牆將綠色植物與花色襯托得更加耀眼，庭園美景總是讓路過行人不由地停下腳步欣賞。

沿著紅磚鋪面的庭園通道旁，栽種花卉植物與樹木，素雅花壇成為庭園的主要視覺，一年四季花朵繽紛綻放。並充分利用牆面，與花卉與綠色植物十分相襯，打造饒富趣味的美麗庭園。

東京都S宅
施工面積＝約20坪
施工期間＝約15日
參考費用＝約250萬日圓
設計・施工＝（有）庭樹園

▶鋪設紅磚的庭園露台上設置素燒盆，栽種六倍利。

▶低頭呢喃似地綻放花朵的聖誕玫瑰。

▼沿著灰泥牆向上攀爬的垂絲海棠，賦予牆面生動的表情。

▶栽種歐洲山毛櫸、日本賽衛矛等植物，自然地遮蔽了門柱與船舶照明燈座。

▶以石材鋪面的入口通道旁，也栽種景天屬植物、過路黃等草類植物。

庭園面積 約20坪

花團錦簇・綠意盎然的庭園

▲優雅蜿蜒的庭園通道兩旁，種滿薰衣草等香草類與花卉植物。

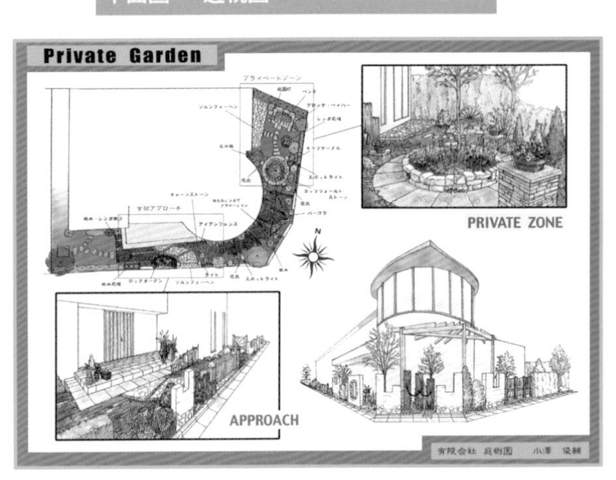

▲由灰泥牆內長出牆外的毛地黃。

▲白色木瓜梅。點亮樹下的庭園照明，夜晚的庭園顯得無比夢幻。

◀在建築物與庭園小路旁，種了競相爭豔的木瓜梅與聖誕玫瑰。

◀庭園全景。綠意盎然、優雅舒適的庭園。

▲二樓陽台設置大型手作栽培箱。松木板碳化處理後作成栽培箱，再以漂流木為裝飾。增添陽台上的自然氛圍。

◀夜晚時點亮庭園照明。展現出與有別於白天的沉靜感。

美麗盛開花朵的優雅 CAFÉ GARDEN

熱愛法式庭園風的S先生。緊接著第1期工程（室外）、第2期工程（法國風庭園），這回（第3期工程）的需求是「希望設立圍籬遮擋視線」。

因此以咖啡屋入口為意象，設計具遮擋視線的圍籬，充分考量圍籬與既有自然風庭園的協調美感，展現更富有層次感的設計。

設置遮擋外來視線的圍籬時，以橫向設置木板，以不留空隙地方式依序固定，以呈現美軍宿舍般的可愛氛圍。並圍籬安裝窗戶與門，使建築物風情更加濃厚，並提升對庭園內樣貌的期待感。

這次工程於停車空間前展開，此區域不太適合以植物或庭園雜貨作為裝飾，因此以顏色突顯出門扉、窗戶的特色。門扉部分以顏色塗料重複塗刷，進行仿舊處理（呈現經時變化）後，刻意地略微做出瑕疵與小凹凸點。細緻度則委由職人們拿捏。施工團隊技術精湛，絕對值得託付重任。

大門上以金屬割字愛犬生日數字522。下方則鋪貼寫著很優美英文字體的磁磚，文字意思竟然卻是「小心惡犬！」。

趣味性十足的咖啡屋風牆（Wall）設置之後，不知道為什麼，一直沒有發揮遮擋視線的作用，還是有被窺視的感覺。

法國風庭園完工之後已屆滿一年，整體的空間氛圍感越來越美好，完全仰賴S先生的悉心維護整理。今年，庭園裡也開滿了浪漫的玫瑰花，S先生臉上總是掛著幸福的笑容。

東京都S宅
施工面積＝約1坪
施工期間＝約7日
參考費用＝約80萬日圓（分三期工程）
設計・施工＝（株）CLOVER GARDEN

花團錦簇的

花卉庭園

◀施工情境照。職人們展現專業技術，庭園設計漸漸成形的瞬間，施工成果令人期待。

◀設置開閉式門。方便確認車輛進出。

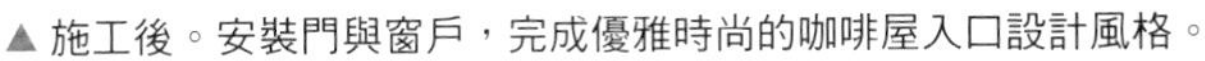

▲施工後。安裝門與窗戶，完成優雅時尚的咖啡屋入口設計風格。

▲優雅時尚的咖啡屋風庭園。

▲以最喜愛的顏色統一色彩，此時期的自然風庭園最美。

▲奶油糖果色，搭配陳舊質感的雜貨，營造法國古典風情。

▲擺放喜愛的庭園座椅，盡情地享受美好時光。

▲第二期工程的法國風庭園全景。植物們健康地成長。

▲▼ 第二期庭園工程完成，正悄迎接玫瑰盛開時節。

◀希望多花薔薇與鐵線蓮早日爬滿圍籬。

■割字

於木板或鐵板等板材上切割後留下的文字。室外設計製作姓氏名牌時經常採用。

▲ 庭園全景。可愛的法國風庭園。左起依序栽種迷迭香、囊距花、薰衣草、黃水枝等植物。

以雜貨＋植物呈現可愛的法國風庭園

S先生熱愛充滿自然元素、洋溢法國風情的設計。了解之後腦海裡浮現的是鐵（Iron）與木（Wood）的組合。

以塗刷成白色的木料，完成風格獨特的圍籬與西洋風攀藤架（Pergola），使可愛的法國風空間十分精采的表現。這樣的空間適合以雜貨與玫瑰搭配。

在攀藤架掛上小物或安裝棚架，以庭園裡摘取的花卉或植物作為為裝飾，並盡情地欣賞。引導最喜愛的杏色玫瑰攀爬上藤架，構成賞心悅目的景致。

目前依然十分可愛的法國風庭園，植物與玫瑰經過幾年的栽培，已完全地融入白色的圍籬，漸漸地就會成為國外繪本上看到的可愛空間。

東京都 S 宅
施工面積＝約 4 坪
施工期間＝約 14 日
參考費用＝約 160 萬日圓
設計 ・ 施工＝（株）CLOVER GARDEN

▲ 形狀可愛、古色古香的鳥籠。

▲ 左起栽種吊鐘柳、囊距花、長蔓鼠尾草。

▲ 籐架掛上鐵製小物掛鉤與簡單造型壁架。

▲ 多花些心思引誘杏色玫瑰攀爬，構成令人賞心悅目的籐架。

▲ 左起栽種銀姬小蠟、薰衣草、礬根、玫瑰等植物。

▲ 左起栽種紫唇花、長蔓鼠尾草、羅丹絲菊、蔓長春花等植物。

隨著時序更迭，風格越發鮮明的庭園

▲改造之後樣貌。紅磚外牆與合成木料的圍籬圍繞成花團錦簇、隱密舒適的庭園。

▶庭園觀賞重點的紅磚造立式水栓、玫瑰花圖案的洗手盆等顯得華麗無比。

▶花朵繽紛綻放的花壇。栽種仙丹花、彩葉芋、矮牽牛。

原本採用封閉式設計的O宅。在建築物落成前栽種的樹木與綠籬，越來越需要費心維護整理，而考慮進行庭園改造。夫妻倆熱愛花卉植物，庭園改造需求是「希望庭園裡設有寬敞花壇，方便維護整理花卉植物，坐在起居室沙發上休息時，能夠隔窗欣賞庭園美景」。

因此將花壇設計成兩層，形成高低差，充分考量花卉植物的高度，栽種植物之後充滿協調美感。女主人十分滿意地說：「以紅磚疊砌成最適當的高度，維護整理植物也十分方便」。

庭園裡全面規劃栽種花卉植物的空間，設置庭園用洗手盆（水槽）、地面鋪貼天然石材，完成賞心悅目又方便澆水的用水設施，也成為庭園裡的矚目焦點。

砌築外牆時，考量通風與設計，將紅磚疊砌成網狀結構，以棕色為底，加上玫瑰色為重點配色，為充滿沉穩氛圍的磚牆增添明亮色彩。設置圍籬時，使用R型（曲線狀）樹脂合成木料，既增添變化，又充分地考量維護整理。將貓頭鷹造型的照明設備點亮時，夜晚與白晝的庭園氛圍截然不同。

庭園進行改造之後，寵物西施犬小花也更安心地玩耍。「在庭園裡吃午餐、輕鬆休息的機會增多，澆水時更加輕鬆愉快……」，從O先生的話語中聽得出他的喜悅心情。

平面圖・透視圖

製圖＝GROUND 工房

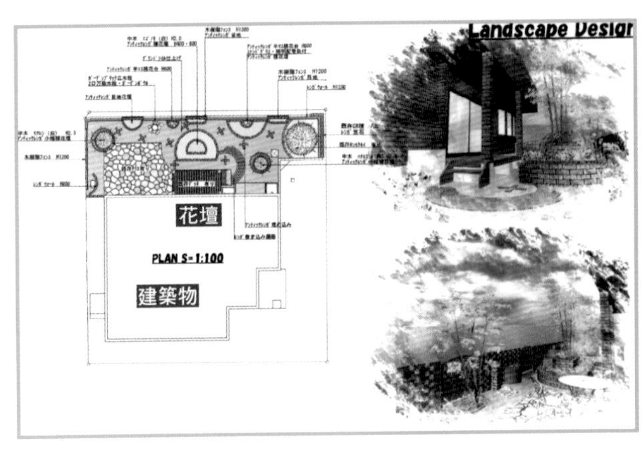

◀ 由露台方向欣賞庭園景致。

西施犬小花

庭園面積
約 16 坪

▲ 高度 40cm 的花壇，是最方便維護整理的高度。

◀ 設置成兩種高度的雙層花壇，坐在起居室的沙發上也可以欣賞。

福岡縣 O 宅
施工面積＝約 16 坪
施工期間＝約 20 日
參考費用＝約 300 萬日圓
設計・施工＝GROUND 工房

栽種一年生・二年生草本植物 草花繽紛綻放的庭園

宛如秘密花園的花卉庭園

希望配合黃色系洋館的亮眼優雅外觀，打造花朵繽紛綻放的庭園。希望出門時能夠穿過玫瑰花拱門……牢牢地記住屋主的需求，完成庭園的建造計畫。利用庭園專用鐵門（Iron）與拱型花架，營造秘密花園般精緻典雅的空間。左起栽種三色堇、玫瑰、鬱金香、油菜花。

茨城縣K宅
施工面積＝約50坪
施工期間＝約30日
設計・施工＝GARDEN ROOM Yoshimura（有）

庭園面積
約10坪

納入曲線設計而充滿柔美意象的花卉庭園

利用曲線灰泥牆與停車處之間的空間闢建花壇。種滿季節草花，增添鮮豔色彩。矮牽牛、皇帝菊等草花繽紛綻放。壁材＝四国化成工業「美プロ」

庭園面積
約10坪

茨城縣K宅
施工面積＝約20坪
施工期間＝約21日
參考費用＝約150萬日圓
設計・施工＝GARDEN ROOM Yoshimura（有）

自然&優雅的花卉庭園

以流暢蜿蜒線條增添女性般優美氛圍，充滿設計感的玄關周邊景致。玄關門廊前規劃植栽空間，栽種落葉樹山茱萸、常春藤、粉萼鼠尾草等植物。門前擺放斑葉絡石花卉盆栽。
壁材＝四国化成工業「美プロ」

庭園面積
約10坪

兵庫縣S宅
施工面積＝約10坪
施工期間＝約21日
設計・施工＝（株）四季SUN LIVE

映照日本阿爾卑斯山北部群山的鮮花＆綠意庭園

玄關正面的牆面（Wall）是以日本阿爾卑斯山北部群山為意象進行設計。以砌石風水泥磚營造花壇。左側栽種喬木四照花，右側栽種叢生型連香樹。

長野縣 S 宅
施工面積＝約 20 坪
施工期間＝約 80 日
參考費用＝約 570 萬日圓
設計，施工＝（有）AIZAKKUZAINN

■叢生型
一植株長出多根主幹而狀似樹叢的樹木。
■喬木
樹高 3m 以上的庭園樹木。

花壇＆植栽空間栽種花卉植物優雅地迎接客人來訪

優雅時尚的普羅旺斯風玄關

普羅旺斯風灰泥牆配置植栽空間，栽種非洲鳳仙花。以陶甕裝飾，營造普羅旺斯風情。（照片左側）

岩手縣 O 宅
施工面積＝約 10 坪
施工期間＝約 70 日
設計，施工＝（株）EXTERIOR MOMINOKI

綠樹環抱・花團錦簇的庭園

以樹木、草花、天然石材、紅磚等天然素材，彙整構成花卉庭園。門前設置花壇構成植栽空間，栽種北美四照花、野茉莉等喬木，樹下栽種玉簪、紅葉木藜蘆等植物。二樓窗前栽培箱栽種的九重葛正搶眼地盛開。

千葉縣 H 宅
施工面積＝約 10 坪
施工期間＝約 20 日
參考費用＝約 240 萬日圓
設計 ・ 施工＝ SPACE GARDENING（株）

草坪庭園中視覺焦點的花壇

草坪庭園中央鋪設紅磚構成模樣可愛的花壇，栽種花色多彩的三色堇、迷你仙客來等季節草花。

▲ 庭園全景。左起栽種光臘樹、全緣葉冬青、丹桂等樹木。

兵庫縣 T 宅
施工面積＝約 16 坪
施工期間＝約 30 日
設計 ・ 施工＝（株）四季 SUN LIVE

設置小巧花壇構成庭園的觀賞焦點

設置迷你花壇構成庭園露台的觀賞焦點

紅磚鋪面的露台範圍內，設置迷你花壇構成觀賞焦點。花壇裡栽種香董菜、雪花蔓、非洲菊等草花。

福岡縣 M 宅
施工面積＝約 15 坪
施工期間＝約 10 日
參考費用＝約 50 萬日圓
設計 ・ 施工＝ GROUND 工房

一年四季花團錦簇＆綠意盎然的花卉庭園

以「打造一年四季都賞心悅目的庭園」為主題，擬定建造計畫，納入大量花卉植物與樹木。停車空間與庭園之間設置低矮紅磚造花壇，以杜鵑花與皋月杜鵑增添色彩。以曲線設計，感覺更加柔美。栽種四照花、光臘樹、紅山紫莖、連香樹、刻脈冬青等樹木，遮擋屋外投注起居室方向的外來視線。

栃木縣 Y 宅
施工面積＝約 20 坪
施工期間＝約 45 日
設計 ・ 施工＝ EXTERIOR`GARDEN Taka9

庭園面積
約 20 坪

花卉庭園的建造要點

不論多麼狹小的空間，只要栽種樹木與花草等植物，就能夠打造展現優雅風情的庭園，欣賞富於四季變化的美麗景致。組合栽種常綠樹與落葉樹，或混合栽種一、二年或多年生草本植物，構成不同的植栽景色盡情地欣賞。立體花壇（Raised bed）的上、下分別栽種植物增添意趣。

指導＝小澤明（庭樹園社長）、版面設計＝橋本祐子（P.29至P.31）

賞心悅目的常綠樹・落葉樹・草類植物

庭園面積 約2坪

落葉樹的植株基部配置常綠樹，可為冬季庭園增添綠意。地被植物（草類植物）選種葉色富於變化的垂枝藜蘆、銅葉粉花繡線菊等，使庭園隨時都賞心悅目。

組合運用天然素材營造自然風情

組合運用各種天然石材、紅磚、枕木等天然素材與植物，完成給人感覺溫暖，又能夠欣賞呈現經時變化，充滿療癒氛圍的庭園。照片中地板以天然石材與泥土組合搭配十分協調，充滿綠意的優雅入口通道。以天然石點綴真砂土※鋪裝材料，完成漫步田間小徑般氛圍的入口通道。※真砂土：花崗岩風化後形成的沙狀土壤。

▲ 栽種四照花、玉簪、聖誕玫瑰、風鈴草等植物。真砂土鋪面材料＝四国化成工業「マサドミックス」。

庭園面積 約1坪

悉心維護植栽，成效一一呈現

完工後3年，涼棚、圍籬與植物完全融合在一起，確實地發揮遮擋陽光、視線等效果，成為一座「綠色資源豐富」的環保庭園。

施工前

▲ 剛完工時樣貌。

施工後

▶ 完工後 3 年。白色木香玫瑰與黃色木香玫瑰，確實地發揮遮擋陽光與外來視線的效果。

庭園面積 約1坪

提高花壇構成混植的綠籬

一般花壇高約20至30cm，通常設置得比較低，必須低頭賞花，彎腰維護整理。心想，不如乾脆設置一個高約100cm的花壇，結果發現，從此不需要以過去的視線高度辛苦賞花，維護整理起來更加輕鬆愉快。其次是廣泛地混種不同種類的植物（混植），反而自然地消除了狹小空間感，讓人想駐足欣賞的效果。花壇下方當然也可以栽種植物。下部栽種高挑的樹木，形成高低差，更顯花壇豐富的節奏感。

◀栽種繡球花、猩猩紅葉、四照花等植物。

■混植綠籬
混合栽種落葉樹或常綠樹，可欣賞新綠與落葉之美的綠籬。

遮蔭處栽種觀葉植物

▲不同葉色的鞘蕊花。

遮蔭處的花壇，栽種葉色漂亮的彩葉植物˙觀葉植物（Color leaf plants），讓視覺享受色彩變化的植栽。

以植物緩和修飾異材質的突兀感

紅磚與天然石材等異材質稍微突兀的部分，栽種植物適度地遮擋。以植物為緩衝，外觀上更加柔美優雅。

◀天然石材與枕木之間栽種松葉佛甲草。

花壇上下都是植栽空間

▲圖中花壇由前往後依序栽種木香玫瑰、紅竹葉、銀葉情人菊、檸檬香蜂草、迷迭香、香龍血樹。花壇下方由前至後栽種黑龍麥冬、鞘蕊花、頭花蓼。

不只花壇裡栽種植物，花壇下方也當作植栽空間更賞心悅目。栽種成溢出花壇似地開滿花朵的感覺，上方以吊盆裝飾或配置各種條件的植物，使花壇景致更豐富了。

栽種草類植物覆蓋土壤

▲前側栽種紅花草莓，後側為玉龍草、貫眾蕨。

庭園通道與植栽空間交界處等，栽種匍匐生長（匍匐地面蔓延生長特性）的草類植物，覆蓋土壤部分。圖中實例是在石材鋪面的庭園通道旁栽種紅花草莓。等待紅花草莓爬上庭園通道，綻放紅色花朵，植栽空間中土壤部分就不會太顯眼。

設置具深度的花壇時，避免土壤覆蓋住建築物基礎

▲ 施工之前樣貌。花壇較深，草花低矮難以看見的狀態。

▲ 施工後，以鐵木區隔建築物基礎與土壤，完成清爽俐落的花壇。栽種的樹木為刻脈冬青、加拿大唐棣等。左起栽種垂枝藜蘆、香菫菜、迷迭香、瓊崖海棠等草花。

女主人熱愛園藝，因此建築業者特別規劃，在庭園住宅基地上設置深度十足的花壇。花壇完成後，女主人親自鏟入土壤，擺入盆花等，卻仍無法盡情地享受庭園的樂趣。土壤若直接接觸到建築基礎，濕氣容易侵入地板下方。再加上建物管線經過花壇底部，根本無法加入客土。以鐵木（硬如鐵板的木材）隔開建築基礎與土壤之後，再重新鏟入土壤，再加上蓋子，可以隨意地打開或蓋上，上方還能夠擺放組合盆栽等。

庭園面積

約 2 坪

■客土
土質不佳必須進行土壤改良時，由他處取得的土壤。

▲ 施工前。土壤直接接觸到建築物基礎，管線經過花壇底部，無法加入客土。

▲ 以鐵木區隔建築物基礎與土壤之後鏟入土壤。

▲ 加上蓋子，可以隨時打開或蓋上，上面擺放組合盆栽。

※P.29 至 P.31 施工實例皆為（有）庭樹園設計、施工。

洋溢玫瑰芬芳的

玫瑰花庭園

版面設計＝柴垣和江（P.32 至 P.39）

廣受大眾喜愛的玫瑰，色彩華麗、香氣甘甜，是實至名歸的「花中女王」。一提到玫瑰庭園，腦海中就不由地浮現寬敞庭園入口的玫瑰花拱門，以及引誘蔓性玫瑰攀爬後，玫瑰花繽紛綻放在牆面、圍籬與格柵等美不勝收的畫面。

▲ 改造工程完工後 3 年的樣貌。玫瑰花繽紛綻放的華麗玄關。

玫瑰花繽紛綻放的華麗玄關

庭園面積 約 14 坪

庭園改造工程實例。增設停車空間時，一併委託改造庭園與設置遮陽設施（Awning）工程。

改造之前可停放一部家用車的停車棚（有屋頂）遮擋住陽光，喜愛玫瑰花的女主人，無法栽種玫瑰裝飾玄關前空間。

女主人對於全面性開放的庭園設計原本有點抗拒，這次終於下定決心，決定以開放式設計改造庭園，停車位置（地板面）以天然素材營造自然風情，納入曲線設計而充滿柔美意象。

配色時採用沉穩色調以襯托玫瑰。圖中為改造工程完工後三年，玫瑰花盛開時景象。設施的沉穩色澤將多采多姿的玫瑰襯托得更加繽紛耀眼。

施工後

◀剛完成改造時樣貌。採以色調沉穩的配色，希望增添玫瑰後，顯得更加耀眼。

施工前

◀改造之前樣貌。車棚遮擋住陽光，無法以玫瑰裝飾玄關前空間的狀態。

◀以紅磚、灰泥牆、鐵（Iron）與自然風素材增添色彩。信箱＝「嵌壁式（橄欖色）」（DEA'S GARDEN）

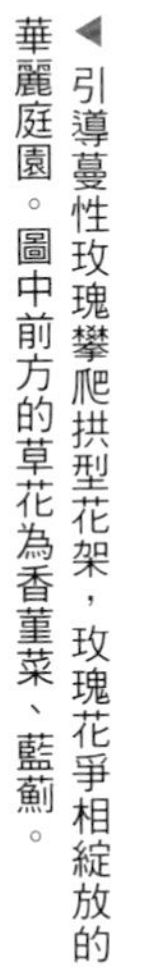

◀引導蔓性玫瑰攀爬拱型花架，玫瑰花爭相綻放的華麗庭園。圖中前方的草花為香菫菜、藍薊。

◀▲▼玫瑰繽紛綻放的玄關周邊。由多采多姿的玫瑰迎接客人來訪。

▲玫瑰品種為英國玫瑰 Masako（Eglantyne）。

▲玫瑰品種為英國玫瑰（Celebrathin）。

◀爬上西式涼棚架（Pergola）、斜組格柵（Lattice）圍籬的玫瑰也茂盛生長，宛如英式庭園般優雅迷人。

▲玄關門廊也進行改造。

▲門牆裡側規劃停放腳踏車的空間。

福岡縣 K 宅
施工面積＝約 14 坪
施工期間＝約 21 日
參考費用＝約 250 萬日圓
設計 ・ 施工＝ GROUND 工房

▶入口通道也以玫瑰增添色彩，散發著優雅香氣。每當坐入庭園座椅就舒服得想打瞌睡。

▲玫瑰庭園改造之後樣貌。以叢生型象徵樹四照花為中心，栽種Pierre de Ronsard、Iceberg等品種玫瑰。

◀ 庭園改造前，隨意栽種樹木與草花而雜亂不堪。

◀ 灰泥牆下也種滿Blue Heaven、Emi等品種玫瑰。

▲ 由起居室方向欣賞庭園一角的美麗景致。

置身玫瑰花叢間盡情享受美好午茶時光

佔地寬廣的M宅。改造之前隨意栽種樹木與草花而雜亂不堪。M先生的改造需求是「希望置身於玫瑰花叢間盡情享受美好午茶時光」，因此於庭園中心點鋪貼磁磚打造優雅露台。改造之後，置身屋內就能欣賞庭園美景。

廣泛地栽種不同顏色的玫瑰為入口通道增添色彩。不規則鋪貼天然石材的地面與灰泥牆交界處，栽種Blue Heaven、Emi等品種玫瑰。開花時散發怡人香氣，坐入庭園座椅就想打瞌睡。

奈良縣M宅
施工面積＝約15坪
施工期間＝約30日
設計・施工＝CPN

▲ 庭園全景。

▲ 後方設置外形精美的玻璃纖維強化塑膠（FRP）資材室。

▲ 種滿玫瑰與花卉植物的庭園。

洋溢玫瑰芬芳的

玫瑰花庭園

▲ 由入口通道方向欣賞美麗庭園。華麗玫瑰花拱門引導進入庭園。

庭園面積 約 25 坪

重建玫瑰庭園

岩手縣K宅
施工面積＝約 25 坪
施工期間＝約 30 日
設計 ・ 施工＝（株）EXTERIOR MOMINOKI

曾歷經日本東部大地震考驗的K先生。希望實現家人們夢想，在新居興建時，於南側面向道路側闢建庭園。家人們的共同需求是「能夠栽種玫瑰與花卉植物，盡情地享受園藝樂趣。」

新居落成之前，熱愛玫瑰的女主人一直在高樓大廈中生活，陽台上總是種滿了玫瑰。家人們對於女主人的興趣也十分支持，「希望這次能夠以地植方式盡情地享受種植樂趣」，為了實現女主人的夢想，包括庭園土壤改良工程都委託專家們一手包辦。

擬定建造計畫時，對於感情如此深厚的家庭十分感動，施工時連玄關前花壇使用的材料都非常地講究。希望屋外也能夠欣賞美麗的玫瑰，道路旁設置優雅大方的灰泥牆引導視線。

「好像多了一個房間」，完工之後，從這句話就能夠聽出K先生的喜悅心情。

◀由2樓眺望庭園美景。曲線相互交叉，充滿雅趣的庭園。

▲ 粉紅色玫瑰（Nahema）。

▲ 橘色玫瑰（Pat Austin）。

▲ 黃色玫瑰（Graham Thomas）、白色玫瑰（Ophelia）。

▲黃色玫瑰（Graham Thomas）。

▲ 紅色玫瑰（Red Leonardo da Vinci）。

▲ 道路旁設置優雅時尚灰泥牆，導引視線，外面也能看見玫瑰。

▲ 階梯安裝扶手確保安全。

◀ 可愛門柱成為灰泥牆的觀賞焦點。

▲ 女主人手作吊盆。

◀建築外觀全景。設置停車棚（架設屋頂的停車空間）時，充分考量當地（岩手縣）氣象條件，挑選耐積雪類型。

※使用素材
置物設施、信箱、窗飾、東側圍籬＝DEA'S GARDEN「CANNA D70」、「門廊」、「DEAS SIGN R-08」、「Dea's deco R fix fence」、「AlphaWood」
「拱型花架」＝TAKASHO「Pasadena garden arch」停車棚、玄關前扶手＝三協アルミ「Snow Sky」、「Etranpo U2型」

以玫瑰的多彩與香氣
呈現最華麗繽紛效果

開滿漂亮玫瑰花的華麗繽紛自然風庭園

兩旁設置門柱，宛如置身於歐洲的美麗庭園。選用割栗石建造花壇。庭園裡栽種的植物幾乎都是玫瑰，五月中旬玫瑰花競相綻放。

■割栗石
構造物基礎建造時使用，岩石加工處理而成的碎石。

富岡縣 I 宅
施工面積＝約 20 坪
施工期間＝約 20 日
參考費用＝約 360 萬日圓
設計 ・ 施工＝ GROUND 工房

庭園面積 約 **20** 坪

充滿療癒氛圍的玫瑰庭園

起居室前設置攀藤架，架設橫木引導蔓性玫瑰攀爬。蔓性玫瑰溢出攀藤架似地綻放花朵的華麗庭園。栽種Iceberg品種玫瑰。

岩手縣 T 宅
施工面積＝約 20 坪
施工期間＝約 40 日
設計 ・ 施工＝（株）EXTERIOR MOMINOKI

庭園面積 約 **20** 坪

適度地撒落陽光的玫瑰庭園

設置木圍籬引導玫瑰攀爬，通風良好，外形優雅的玫瑰庭園。左側栽種白色玫瑰（Snow Goose）、紅色玫瑰（Mary Rose），粉紅色玫瑰（Evelyn）。

埼玉縣 I 宅
施工面積＝約 10 坪
施工期間＝約 14 日
設計 ・ 施工＝（株）安行庭苑

玫瑰庭園的建造要點

玫瑰以單獨栽種就很漂亮，不過引導攀爬可使庭園大大地升級。
庭園裡設置拱型花架、攀藤架、圍籬、方尖塔型花架等設施，玫瑰庭園就會有更完美的演出。

格柵圍籬

設置格柵圍籬，引導蔓性玫瑰攀爬構成立體花架更是美不勝收，還能夠遮擋陽光。

東京都K邸　設計・施工＝（有）庭樹園

攀藤架

設置於窗邊的攀藤架，玫瑰爭相攀爬，緊緊地吸引住來訪客人的目光。

千葉縣N宅　設計・施工＝SPACE GARDENING（株）

方尖塔型花架

設置方尖塔型花架之後確實固定，引導玫瑰攀爬，優雅漂亮的立體花架。

設計・施工＝（有）庭樹園

拱型花架

精緻漂亮充滿設計感的鍛鐵材質拱型花架。以玫瑰庭園般拱型花架引導進入庭園欣賞美景。

神奈川縣I宅　設計・施工＝ガーデン工房ふりーふ

1 坪空間就能夠打造的

居家小庭園

版面設計＝橋本祐子（P.40 至 P.47）

大門周邊、玄關前的狹小空間，發揮創意、多花點心思就能夠打造優雅的居家小庭園。以植物增添色彩，出入家門時賞心悅目，迎接客人來訪也心意十足，還能夠深深地感覺到季節變化。

賞心悅目・使用方便的優雅庭園

庭園面積 約 2 坪

▲ 庭園全景。狹小空間也能夠打造賞心悅目的居家小庭園。擺放橄欖樹盆栽。

▶ 改造之前狀態。

▶ 改造中樣貌。

▶ 栽種植物即完成。

庭園改造工程實例。

Y宅坐落在視野絕佳的山丘上，Y先生的改造需求是：

① 設置庭園露台，欣賞絕佳視野。

② 有效地利用玄關旁閒置空間。

② 鋪貼磁磚改造既有的水泥階梯。

因此玄關旁以鋪貼鐵木（堅硬如鐵的木料）與紅磚為主，以植栽營造明亮氛圍。

空間雖小，還是順利地完成賞心悅目的居家小庭園。

門廊也鋪貼得非常漂亮的磁磚，建築物出入口全然蛻變，感覺十分明亮。

茨城縣 Y 宅
施工面積＝約 2 坪
施工期間＝約 6 日
參考費用＝約 35 萬日圓
設計・施工＝（株）Garden TIME

▲ 鐵木角柱與露台都不需要維護整理。

▲ 檢修口也納入考量成為設計的一部分。

▲ 改造之後鋪貼磁磚的階梯。

▲ 改造之前的水泥沙漿階梯。

▲ 俯瞰時狀態。 ※使用素材 花盆＝ONLY ONE「Garden」、鐵木＝三樂「Tainen ironwood」。

▲ 紅磚、磁磚、木料、植物與天然素材的組合運用。

■以水泥沙漿進行表面加工的階梯

以水泥沙漿（乾沙混合水泥）進行表面加工厚度約 0.5cm 的階梯。狀似水泥階梯，容易混淆，實際上是截然不同的階梯加工方式。

▲ 庭園全景。呈現經時變化、古色古香的法國風庭園。左起栽種小手毬、喬木繡球、鈕釦藤。

▶角落掛著形狀可愛的古董鳥籠。

▶設置棚架，並以庭園雜貨、小物為裝飾。樹木為橄欖樹。

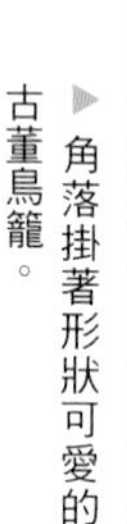

呈現經時變化的古典法國風庭園

T宅庭園是一座古色古香，非常適合採用自然風庭園雜貨、多肉植物、彩葉植物的古典法國風庭園。

這次改造計畫追加屋後庭園（Backyard）部分，大大地拓展了自然風庭園空間。

象徵樹烏臼也長大了，隨處都洋溢著外文書籍中描寫的庭園氛圍。

季節更迭，設施如預期地呈現出經年變化，植物與雜貨自然地融入庭園裡。

這座古色古香的庭園還會繼續地進化，玫瑰計畫順利地進行著。

「在這裡著色的話，到底該選擇哪種顏色好呀？」，喜愛古典法國風庭園氛圍的T先生煩惱著這個問題。

打造自然風庭園之後，繼續進化著，然後脫胎換骨地成為古色古香的法國風庭園，然後一再地進化…。對於庭園，T先生充滿著理想。

身為設計者，對於納入廢品風（Junk taste）空間的蛻變過程也充滿著期待。

埼玉縣T宅
施工面積＝約6坪
施工期間＝約30日
參考費用＝約450萬日圓
設計・施工＝（株）CLOVER GARDEN

▲ 裝飾窗開啟時狀態。通往庭園的入口。枝葉垂下生長的樹木為烏臼，窗前擺放常春藤盆栽。

▲ 多肉植物（寶珠）。

▲ 裝飾窗開啟時的狀態。

▲ 左起栽種銀姬小蠟、北非旋花、常春藤等植物。

▲ 門的顏色也充滿古典韻味。門後圍籬引導玫瑰攀爬。

▲ 優雅古典的格柵。

▲ Gargoyle（英國的守護神）。

■**觀葉植物（Color leaf）**
葉色具有觀賞價值的植物，又稱彩葉植物。

■**多肉植物**
葉、莖、根部肥厚，多肉質化，可儲存水分，耐乾燥的植物。

▲ 打開造型可愛的裝飾窗，欣賞樹梢灑落的陽光。

▲ 充滿自然氛圍的 Gardening stage。由露台方向眺望欣賞。

▲ 庭園樂趣倍增。

▲ 秋季時呈現楓紅景象的藍莓。

▲ 褪色的紅磚與石磚造水龍頭。廣泛地納入鄉村風要素。

▲ 配合牆壁統一規劃設計，庭園座椅更加簡潔俐落。座椅腳下栽種白色小花增添柔美氛圍，鄉村風意象濃厚。

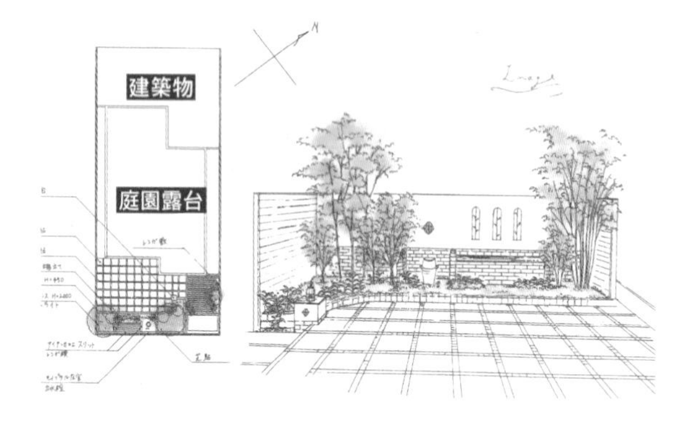

東京都 A 宅
施工面積＝約 6 坪
施工期間＝約 21 日
參考費用＝約 250 萬日圓
設計 ・ 施工＝（株）CLOVER GARDEN

庭園面積 約 **6** 坪

小巧可愛的鄉村風庭園

新建A宅。屋主需求是，希望打造出從室內連結至室外的起居室庭園。

因此沿著露台周圍墊高地基，設置草坪露台，成為起居室方向的觀賞焦點。

將露台空間設計成充滿英國科茲窩風情，是感覺十分柔美溫馨的鄉村風庭園。

充滿四季變化的庭園欣賞方式非常多元，除了從房間方向賞景之外，還可以坐在庭園座椅上閱讀，或享受美好的午茶時光。令人不由地想走出屋外的庭園。

▲ 庭園全景。優雅迷人的西式自然風庭園。栽種樹木為珍珠繡線菊，樹下左起栽種常春藤、礬根。

▲ 由起居室方向眺望欣賞，充滿設計感的矮牆。

東京都N宅
施工面積＝約2坪
施工期間＝約14日
參考費用＝約65萬日圓
設計・施工＝（株）CLOVER GARDEN

優雅迷人的西式自然風庭園

▲ 壁龕平台擺放喜愛的雜貨構成裝飾。清新可愛的小花與觀葉植物組合盆栽。搭配小溲疏、勿忘草、茱萸（Gilt Edge）等草花。

▲ 灰泥加工以增添古典氛圍。

▲ 充滿雅趣的古典風水龍頭。

N宅闢建的是一座優雅可愛，非常重視起居室方向觀賞視野的自然風庭園。

因此規劃植栽區域時，提出以栽種草皮完成簡單素雅的設計。結果，完工之後發現，整體設計在裝飾牆（Design Wall）的襯托下顯得更加亮眼。

設置裝飾牆時以英國偏遠鄉間常見的牆壁為設計構想，再以壁龕（牆壁凹入部分）、瓦片、傳統古磚等裝飾設施營造氛圍。

用水設施周邊與壁龕下方，規劃自然風植栽區域營造甜美可愛氛圍。栽種季節草花與欣賞葉色之美的植物（Color leaf），N先生感到十分滿意。

視野絕佳的窗前，是邀請朋友到家裡作客喝咖啡時的特等席。

▲ 加上喜愛的緞帶與蕾絲，提昇組合盆栽的時尚感。

▲ 統一採用白色，搭配成婚禮風。

▲ 充滿古典氛圍的雜貨。中央的玫瑰為人造植物（Fake green）。

▲ 原設置花壇，整理起來很麻煩的空間，擺放雜貨與植物後清爽宜人。

▲ 既有的美國風圍籬，增設棚架（Shelf），完成擺放裝飾的小角落。

▲ 打掉原來的花壇，重新設置鐵圍籬，完成喜愛的法國風庭園小角落設計。

▲ 以壁爐台為設計意象，風格獨特的木圍籬。

透視圖　（株）CLOVER GARDEN

◀ 原本空蕩蕩的圍籬，協調地陳列雜貨後，宛如室內裝潢般優雅。

東京都K宅
施工面積＝約1坪
施工期間＝約60日
參考費用＝約250萬日圓
設計．施工＝（株）CLOVER GARDEN

婚禮風庭園

在一坪的小空間裡打造的法國風庭園。K先生早就準備好這一個「希望打造庭園時能夠使用到」，且成為庭園觀賞焦點的壁爐台（庭園雜貨風）。

當初只是接受委託設置庭園與鄰地交界處的白色自然風圍籬。深入了解之後，希望能夠打造一座特別的庭園，實現K先生的夢想，因此提出以約莫半張榻榻米大小無法使用的空間，打造婚禮風庭園的建議，K先生與身為設計者的我想法不謀而合，改造計畫即順利地展開。

容易被忽略的小角落，透過這次的庭園建造計畫，使空間裡充滿最喜愛的婚禮氛圍，而產生了「每天都想好好地欣賞」的心情。

用心打造的空間，當然要精心挑選陳列品，最適合庭園婚禮主題的雜貨。

挑選王冠造型裝飾、鈴鐺，以及庭園裡較罕見的烏干紗布料，實現嶄新的陳列風庭園形態。

「朋友來訪時，最喜歡待在這個空間裡開心地聊天，總是花了好長時間才進入屋裡」，女主人臉上洋溢著幸福的笑容開心地描述著，她的笑容在這樣的空間裡實在是太適合了。

僅有一坪的狹小空間，順利地成為與清純無比，總是懷著少女般情懷的女主人最匹配的婚禮風庭園。

庭園面積 約 8 坪

神奈川K宅
施工面積＝約 8 坪
施工期間＝約 7 日
設計 ・ 施工＝ガーデン工房ふりーふ

狹長空間打造為樂趣十足的庭園

有著低矮圍牆的南向狹長空間。幅寬狹小，但長度十足，發揮巧思，活用優點。左起栽種光臘樹、華北珍珠梅、加拿大唐棣、莢蒾等植物。
石板路＝三樂「Berlgian slice」

活用狹小空間 完成重點式精巧庭園

神奈川M宅
施工面積＝約 3 坪
施工期間＝約 5 日
設計 ・ 施工＝ガーデン工房ふりーふ

缺乏自然元素的空間 栽種雜木增添色彩

鋪貼磁磚的庭園露台上，配置雜木盆栽。打造可從簷下走廊風庭園露台眺望欣賞，布滿青苔的庭園與充滿四季變化的小庭園。盆栽樹木為灰木。露台材料＝三樂「Eco accord wood」

茨城縣T宅
施工面積＝約 3 坪
施工期間＝約 2 日
參考費用＝約 30 萬日圓
設計 ・ 施工＝（株）Garden TIME

可從室內盡情欣賞的小巧天井庭園

和室前的日式庭園。由室內眺望庭園景致。栽種植物左為日本楓，右為三葉杜鵑。

東京都S宅
施工面積＝約 3 坪
施工期間＝約 7 日
參考費用＝約 85 萬日圓
設計 ・ 施工＝（株）CLOVER GARDEN

英國風小巧庭園

在設置花壇處，立起紅磚排列，構築一階高度的庭園露台，架設拱型花架與擺入座椅，栽種多年生草本植物與玫瑰增添色彩。

門柱＆牆邊栽種植物增色的

迷你庭園

版面設計＝橋本祐子（P.48 至 P.57）

門柱、圍牆、牆腳下都是絕佳植栽空間。栽種植物增添色彩，使門柱、影壁牆、門牆、門前圍牆、圍籬等剛硬構造物顯得更加柔美，具有雨後避免泥土噴濺、美化環境等效果。

透視圖 製圖＝（株）HIMAWARI LIFE

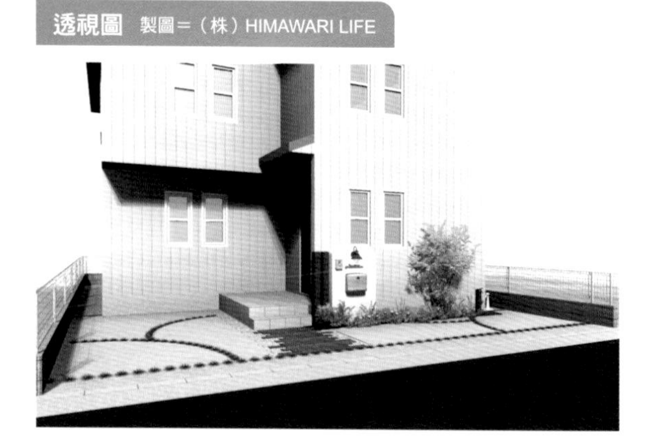

▲ 施工之後，感覺十分明亮，以白色為基調的大門周邊景致。

庭園面積
約 20 坪

◀鋪設紅磚呈現濃厚鄉村風情的入口通道。停車處地板的縫隙（Slit）部分栽種玉龍草，地面顯得十分明亮。栽種光臘樹（圖中右側）作為象徵樹，與矮牽牛等草花，完成戶外綠化。

以白色為主調 呈現優雅自然風

前來商談外部新建工程的M先生，希望打造充滿自然風情，符合建築物意象的外部改造。

門柱的轉角處與停車空間皆納入曲線，期望完成處處圓潤，充滿柔美氛圍的設計。

如玄關般的門柱上設置外形時尚、安裝密碼鎖的白色信箱。門柱旁設立水泥材質的木紋角柱。

入口通道鋪設紅磚，完成自然風。建築物與停車空間之間栽種植物，以美化大門周邊，完成十分明亮的外觀。

兵庫縣 M 宅
施工面積＝約 20 坪
施工期間＝約 30 日
設計 ・ 施工＝（株）HIMAWARI LIFE

▲與孩子們一起栽種草花，美化環境，使外部景觀更加華麗多彩。

▲改造前的大門周邊、停車空間。

▲改造之後，靠近建築物，設定多功能門柱的位置。及擴大車輛出入與停放腳踏車的空間。

庭園面積
約10坪

設置外形獨特的門柱
大門周邊顯得更加華麗

※使用素材
信箱＝DEA'S GARDEN「ange」、門柱用木紋板＝TAKASHO「Ever art board」、角柱＝「Ever screen frame」、姓氏名牌＝「鍛鐵」、樹脂鋪裝材＝「Fiber resin」

兵庫縣M宅
施工面積＝約10坪
施工期間＝約20日
設計・施工＝（株）HIMAWARI LIFE

▲建地內規劃停腳踏車，也使停車空間更加寬敞。

前來商討大門周邊改造計畫的M先生，提出的需求是：
①希望移除大門周邊的花壇與草皮等設施，使外觀更加清爽。
②遷移門柱。
③改種象徵樹。

因此提出門柱遷移至建築物側，設立外形時尚、幅寬較大的門柱等建議。並以木紋風白色板材與柱子組合，構成新形態的門柱。

設置造型精緻、取放方便、密碼鎖形式的壁掛式信箱。與建築物與樑柱連結，完成與建築物融合為一體的門柱。

停車空間周邊栽種的喬木與草皮部分皆移除，以樹脂鋪裝材進行鋪面，確保停車空間更寬敞。改造之後，大門周邊環境清爽無比，車輛出入更加方便順暢。

原本設置門柱的位置，以不規則方式鋪貼石材，完成與原本地面毫無違合感的裝飾設計。

門柱下方規劃植栽空間。栽種光臘樹作為象徵樹，周圍栽種五色南天竹、金線花柏、草類植物與花卉植物，為大門周邊增添色彩。

和孩子們一起栽種植物，製造讓孩子們接觸植物機會，感受拈花惹草的樂趣。

◀與孩子們一起栽種植物的空間。栽種光臘樹作為象徵樹，與五色南天竹、金線花柏等灌木，以及斑葉絡石、金雞菊（Jive）等草花。

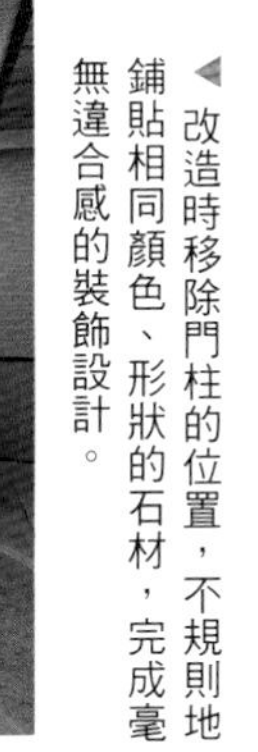

◀改造時移除門柱的位置，不規則地鋪貼相同顏色、形狀的石材，完成毫無違合感的裝飾設計。

◀夜晚時點亮庭園照明的樣貌。由門柱下方打光，設置同款照明的姓氏名牌。完成了夜晚仍十分明亮的大門周邊環境。

栽種象徵樹・灌木植物
綠化大門周邊環境

①首先，將植栽連盆配置出適當位置。

②挖掘土壤，依序種入植株。

③植物栽種完成的狀態。

④栽種後澆水，完成栽種作業。

▲移除交界處的喬木，看起來更加清爽。

◀原本鋪設草坪處，以樹脂鋪裝材料進行加工。宛如脫胎換骨，改造後大門周邊景致更加寬敞。

以R（曲線）&天然素材營造柔美氛圍

以灰泥牆、紅磚、天然石材與天然素材營造柔美氛圍。信箱也挑選形狀可愛的FRP（玻璃纖維強化塑膠）材質。花壇空間栽種香龍血樹、紅竹葉、斑葉絡石、金線花柏、富貴草、粉花繡線菊、斑葉麥門冬等植物。福岡縣I宅、設計・施工＝GROUND工房、信箱＝DEA'S GARDEN「Stucco white」

砌築曲線狀矮牆 充滿律動感的花壇

重疊般地砌上三面不同高度的曲線狀矮牆，充滿律動感。牆腳下規劃袋狀植栽空間，使剛硬牆壁顯得柔美。栽種落葉樹四照花作為象徵樹，左起依序栽種冬青衛矛、紅花繼木、瑞香等樹木。福岡縣K宅、設計・施工＝GROUND工房

甜美可愛的粉色調迷你花壇

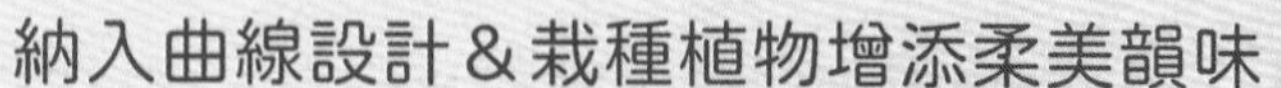

以曲線狀白牆與橄欖樹為重點。曲線狀牆壁高度適中，非常協調地配置。甜美可愛的粉色調迷你花壇，栽種薰衣草、迷迭香、海石竹、蠟菊等植物。栽種橄欖樹作為象徵樹。德島縣K宅、設計・施工＝（株）橘

納入曲線設計&栽種植物增添柔美韻味

以曲線狀影壁牆&植栽 增添柔美意象

西式建築的大門周邊以塗刷灰泥影壁牆為觀賞焦點。曲線狀影壁牆使整體設計顯得更加柔美。彙整姓氏名牌、信箱、對講機、門燈等設施，以馬賽克磁磚為重點裝飾。牆上的簍空縫隙降低壓迫感。牆腳下栽種闊葉麥門冬、福祿考、金光菊等植物。茨城縣K宅、設計・施工＝GARDEN ROOM Yoshimura（有）

栽種地被植物 營造溫暖感覺

門前矮牆前栽種地被植物以葉色增添趣味。植栽空間栽種羽葉薰衣草、玉簪、朝霧草、鈕釦藤、紫錐花（pumila）等草花。栽種玉龍草美化停車空間地板縫隙。

福岡縣O宅、設計・施工＝GROUND工房、壁材＝TAKASHO「Jolypate」

優雅時尚的西洋風迷你花壇

優雅時尚的西洋風灰泥牆。可愛的花壇裡栽種季節花卉植物。鬱金香綻放漂亮花朵，將大門周邊襯托得更加亮眼。
福岡縣E宅、設計・施工＝GROUND工房、照明、信箱＝DEA'S GARDEN「Art modern」「dune」

洋溢著自然氛圍的鄉村風迷你庭園

減少高低差而設置的花壇，與鄉村風白色圍籬。門前圍牆下方栽種西洋櫻草、紅葉木藜蘆。東京都K宅、設計・施工＝（株）CLOVER GARDEN

入口通道階梯旁的迷你花壇

設置曲線狀白色門牆，使用暖色系天然石材，十分明亮的西洋風玄關周邊景致。栽種落葉樹日本紫莖作為象徵樹，樹下栽種季節草花。千葉縣宅、設計・施工＝GARDEN ROOM Yoshimura（有）、信箱＝DEA'S GARDEN「ange」

以西洋風灰泥牆襯托西洋風植物

童話故事般可愛的迷你花園

作為大門周邊觀賞重點，灰泥加工的影壁牆。牆上設置裝飾窗，玻璃磚噴砂（加工）處理形成花鹿圖案。以陶質磁磚為裝飾更加甜美。牆腳下規劃植栽空間。福岡縣U宅、設計・施工＝遊庭風流、信箱＝DEA'S GARDEN「Stucco U」

門牆下方闢建迷你花壇

西洋風灰泥牆的門牆下方栽種紫鳳凰、帚石楠、斑葉薜荔、Sugar Vine、仙客來等草花增添色彩。福岡縣Y宅、設計・施工＝GROUND工房、壁材＝四国化成工業「pallet」、信箱＝DEA'S GARDEN「Crea-U 米白色」

設置灰泥牆＆紅磚造花壇

以灰泥牆門柱為觀賞焦點的大門周邊。下部設置花壇，栽種石竹、滿天星等季節草花。栽種落葉樹連香樹作為象徵樹。千葉縣N宅、設計・施工＝SPACE GARDENING（株）

紅磚・雜木・草類植物打造的迷你花壇

栽種落葉樹台灣掌葉楓作為象徵樹，樹下以古窯紅磚與熔岩石疊砌，完成雅石風庭園。栽種檜葉金髮蘚、木賊、大吳風草、闊葉麥門冬、富貴草、銀葉菊、薰衣草、蕨類、玉簪、石菖蒲、景天屬植物、油點草等植物。福岡縣N宅、設計・施工＝GROUND工房

以紅磚&植物營造溫暖感覺

設置紅磚造花壇&植栽

自然風情濃厚的建築物出入口以紅磚造門柱為設計重點。栽種四季常綠光綠樹作為象徵樹，樹下栽種珍珠繡線菊等植物。千葉縣O宅、設計・施工＝SPACE GARDENING（株）、姓氏名牌 裝飾用鐵件＝DEA'S GARDEN「鑄物系列 A-08」・「R fix fence 3型」、信箱＝SEKISUI DESIGN WORKS「BONBOBI」

古意盎然紅磚造英國風花壇

以傳統古董疊砌完成的門柱，後方栽種落葉樹連香樹。牆腳下栽種紅葉木藜蘆、聖誕玫瑰等植物。岐阜縣H宅、設計・施工＝吉村造園土木（株）

■古窯紅磚
放入以鐵礦石煉製鋼鐵的熔礦爐等，工業用爐使用之後回收利用的耐火磚。

以木質調素材營造溫馨感

沿著木質調牆壁設置呈現對比之美的花壇

石造花壇（圖左）栽種新風輪菜、槲葉繡球等，迷你花壇（圖右）栽種藍莓、紅葉木藜蘆等彩葉植物。石材與木材呈現對比之美。東京都S宅、設計・施工＝（株）CLOVER GARDEN、天然石材＝三樂「Forestsets」

綠樹環抱的鐵木門柱

鐵木材質的枕木門柱。枕木與信箱搭配性絕佳。栽種常綠樹光臘樹作為象徵樹。茨城縣I宅、設計・施工＝GARDEN ROOM Yoshimura（有）

木角柱&草類植物打造的自然風庭園

降低灰泥牆彩度，栽種較高的黑竹，營造層次感。搭配栽種斑葉玉簪、木賊等草類植物。東京都H宅、設計・施工＝（株）CLOVER GARDEN

色彩對比鮮明的迷你花壇

與灰白色調建築物色彩形成鮮明對比，優雅氛圍濃厚的花壇。栽種加拿大唐棣作為象徵樹，樹下種植紐西蘭麻。愛知縣M宅、設計・施工＝（株）IYODA外構

簡約時尚的屋前庭園

簡約時尚的影壁牆，下方規劃植栽空間，栽種薰衣草、大花六道木、湖北十大功勞、垂枝藜蘆等植物。細心考量避免整體設計顯得過於剛硬。德島縣K宅、設計・施工＝（株）橘

營造層次變化的迷你花壇

設置三面門牆時形成高低差，營造層次變化。牆腳下設置花壇，栽種薰衣草、日日春等植物。群馬縣W宅、設計・施工＝（有）創園社、信箱＝DEA'S GARDEN「crea」

栽種植物增添色彩避免建物體顯得太剛硬

栽種草類植物降低石材剛硬感

並排設置石柱掛上姓氏名牌。左起栽種梣樹、白木烏柏、小葉羽扇楓等樹木，下方栽種的粉紅色草類植物為鋪地百里香。種植草類植物為剛硬石材增添柔美意象。岐阜縣Y宅、設計・施工＝direct和

栽種植物增添色彩

簡約時尚的門柱。下方規劃植栽空間，栽種植物以長著漂亮銅葉的紅竹葉、玉簪等觀葉植物為主。線條剛硬的門柱感覺比較柔和。群馬縣O宅、設計・施工＝（有）創園社、信箱＝三樂「Russell post」

時尚玻璃製名牌＆植栽增添色彩

外形優雅時尚的玻璃製姓氏名牌，下方植栽空間栽種紐西蘭麻、大花六道木、玉簪、鈕釦藤等植物。融合玻璃的綠與植栽的綠而更加引人注目的門柱。兵庫縣S宅、設計・施工＝（株）HIMAWARI LIFE

和洋並蓄的迷你庭園

黑白色系影壁牆。牆腳下栽種五色南天竹、狹葉十大功勞等和風植物，營造和風時尚感。千葉縣A宅、設計・施工＝SPACE GARDENING（株）

多功能門柱與迷你花壇

優雅時尚的多功能門柱下方的迷你花壇。栽種湖北十大功勞、金線花柏、五色南天竹等植物，繽紛熱鬧的花壇。兵庫縣M宅、設計・施工＝（株）HIMAWARI LIFE

栽種植物增添色彩營造時尚感

為和風時尚設施增添亞洲風情

充滿和風時尚感的扶壁（Buttress），下方規劃植栽空間，栽種礬根。善加利用狹小縫隙，栽種植物營造畫龍點睛效果。茨城縣O宅、設計・施工＝SO-MA ORIGINAL GARDEN（株）筑波LANDSCAPE

以音樂符號為設計主題趣味十足的小巧花壇

以高音譜記號為設計概念的多功能門柱。下方規劃植栽空間，栽種女真、紫錐花。門柱旁的大型高音譜記號是通往玄關的標誌。兵庫縣S宅、設計・施工＝（株）四季SUN LIVE

種植象徵樹構成觀賞重點

玄關門廊前栽種植株高挑的叢生型大柄冬青作為象徵樹。樹下栽種小葉瑞木、大花六道木等四季草花，對於配色也很用心。神奈川縣Y宅、設計・施工＝ガーデン工房ふりーふ

洋溢亞洲風情的精緻小庭園

以來自沖繩與巴黎的資材（Material）為主，充滿設計感的影壁牆。左起栽種香龍血樹、鬈根、迷迭香、香草類等植物。福岡縣M宅、設計・施工＝遊庭風流

圍牆邊的帶狀花壇

道路側規劃植栽空間，希望路過行人也能夠感受季節變化。左起栽種金線花柏、密生刺柏、紐西蘭麻、香龍血樹等植物。神奈川縣S宅、設計・施工＝GARDEN SERVICE（株）、信箱＝DEA'S GARDEN「Wood rib dark ash」、姓氏名牌＝ONLY ONE「Fritz single」

設置玻璃角柱＆植栽
沉穩大方的大門周邊設計

設置玻璃角柱，沉穩大方的大門周邊設計。種植橄欖樹，左起搭配栽種五色南天竹、金線花柏、斑葉絡石等草花。福岡縣I宅、設計・施工＝遊庭風流、信箱＝ONLY ONE「Nami plus」

善用素材打造優雅空間

充滿季節感植物的坪庭空間

門柱前規劃造景石與植物的坪庭空間。栽種芒草、日本吊鐘花、五色南天竹、黑龍麥冬等，以充滿季節感的植物增添色彩。愛知縣F宅、設計・施工＝（株）ICM GARDEN'S

天然素材＆植栽打造的自然風庭園

組合天然素材與植物，打造自然風情濃厚的大門周邊景致。栽種櫻桃李、野櫻梅等樹木，樹下種植金絲桃（Sunburst）、百里香等草類植物。神奈川縣Y宅、設計・施工＝ガーデン工房ふりーふ

一個栽培箱就能夠完成的

組合盆栽庭園

版面設計＝橋本祐子（P.58 至 P.63）

沒有空間闢建寬闊庭園也無妨，一個盆栽或栽培箱，就能夠完成優雅大方的組合盆栽庭園，欣賞美麗的庭園景致。將盆栽擺在庭園的重要位置、以栽培箱或吊盆栽種植物掛在牆上，即可構成賞心悅目的立體庭園。

▲ 以玻璃素材進行改造，完成魅力十足的大門周邊設計。

▲ 改造之前單調無趣的大門周邊樣貌。

透視圖 製圖＝（株）HIMAWARI LIFE

兵庫縣 H 宅
施工面積＝約 20 坪
施工期間＝約 20 日
設計 ・ 施工＝（株）HIMAWARI LIFE

※使用素材
信箱＝ONLY ONE「Noie cube」、門柱＝「FITWALL」、玻璃製姓氏名牌・照明＝ZERO「Tinkle」・「3Way Spot」、鋁製大門＝LIXIL（TOEX）「+G」、花盆・壁材＝「Round deco solenne（大）」・「Jolypate」

夜景。夜晚的大門周邊景觀，與白天截然不同。設置於大門入口處的嵌燈，照亮門柱、植物的聚光燈點亮之後，大門周邊顯得華麗無比，感覺很溫暖。

以外形精美漂亮的壁掛式栽培箱完成組合盆栽庭園

庭園面積 約20坪

與男主人一起拍攝紀念照。外形亮眼的名牌深受屋主喜愛。

H先生委託時的改造需求是「希望外部結構改造之後能夠充滿簡約優雅格調」。

H宅原本使用細長型多功能門柱，改造時毅然決然地換成玻璃製大型姓氏名牌，以玻璃素材營造出風格獨特，具有穿透感，是非常特別的設計。

玻璃下方設置外形優雅的壁掛式栽培箱。栽種季節草花美化大門周邊完成最精采的設計。

入口通道上方設門框，營造縱深感。深色木紋的框構裡組裝嵌燈，希望夜晚也能夠欣賞美麗景致。設置格柵發揮遮擋作用，避免視線直接投向玄關窗戶。

白色框構使入口處整體意象更加凝聚，也安裝信箱與對講機，大門周邊設計十分清爽俐落。

花壇空間栽種較不需維護整理的紐西蘭麻、五色南天竹、相思樹等常綠樹與花卉植物，構成色彩鮮豔的植栽。

明亮可愛的西洋風組合盆栽庭園

▲玄關正面。大量使用古窯紅磚、碎磚塊，配合西洋式建築色調，營造明亮氛圍。

平面圖・立面圖・透視圖　製圖＝遊庭風流

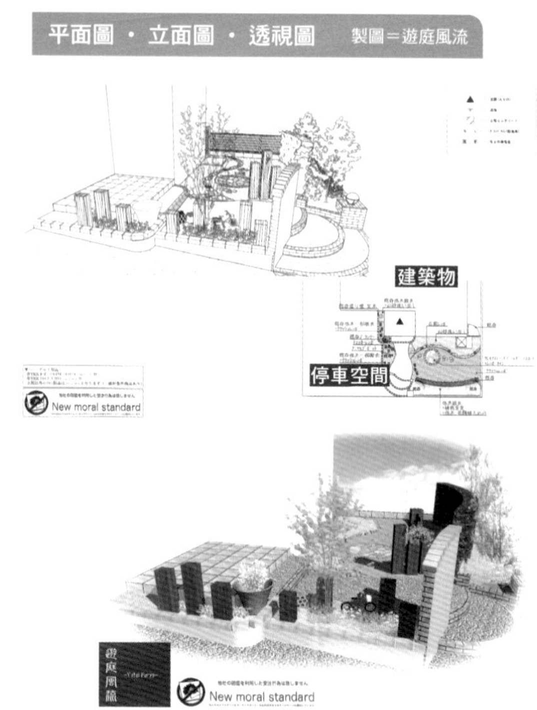

施工後

◀女主人最喜愛的枕木，像藝術創作般，非常協調地納入庭園設計，安裝鐵鉤，掛上四季草花構成裝飾。陶盆裡栽種馨根、歐石楠、白頭翁等花卉植物。

◀改造前樣貌。

▲改造後，將花壇的部分空間變更為階梯，停車空間可直接通往玄關門廊。

▲◀由玄關側看向庭園時樣貌，改造前（左）與改造後（上）。

◀以藝術創作、古窯紅磚、碎磚塊等裝飾枕木基部。藝術創作＝TAKASHO「金屬庭園裝飾（鳥）」

庭園面積
約 **8** 坪

福岡縣I宅
施工面積＝約8坪
施工期間＝約10日
參考費用＝約40萬日圓
設計・施工＝遊庭風流

玄關周邊改造工程實例。I先生委託改造時表示：

①玄關入口通道周邊空蕩蕩、單調無趣，希望改造成有明亮感的空間。

②希望栽種的植物能恣意生長，同時保有清爽俐落感。

③希望使用女主人最喜愛的枕木。

④希望停車空間能夠直接通往玄關門廊，將花壇與部分空間變更為階梯（Step）。

以上十分具體的需求。

建築物原本就充滿著西式建築的明亮氛圍，因此配合色調，大量使用古窯紅磚、碎紅磚。

像陳列藝術品似，協調地將女主人最喜愛的枕木納入庭園設計之後，安裝鐵鉤，吊掛四季花卉盆栽裝飾庭園。

陶盆（素燒盆）裡栽種馨根、歐石楠、白頭翁等花卉植物。

經過玄關周邊改造，植物增添繽紛多彩，完成十分優雅明亮的庭園。

南國風高筒花盆&植栽打造度假風庭園

以白色灰泥牆統一整體色彩，納入少量天然素材，度假風情大大提昇。高筒花盆裡栽種紫香朱蕉，白牆襯托顯得格外耀眼。歌山縣O宅、設計・施工＝HANWA HOME'S（株）、花盆＝TAKASHO「Long pot trill」

擺放陶盆栽種植物打造典雅迷人的前庭

以陶盆栽種植物構成組合盆栽，將入口通道打造成優雅迷人的屋前庭園。地面鋪貼石材納入曲線，營造縱深感。兵庫縣K宅、設計・施工＝（株）創園舍

盆植光臘樹作為象徵樹

玄關前擺放盆植光臘樹（常綠樹）作為象徵樹。只是擺放植物，玄關周邊就顯得華麗亮眼。和歌山H宅、設計・施工＝HANWA HOME'S（株）

擺放橄欖樹盆栽營造南歐風情

起居室前鋪貼天然石材的庭園露台，擺放橄欖樹（常綠樹）盆栽營造南歐風情。和歌山縣H宅、設計・施工＝HANWA HOME'S（株）

宛如優雅咖啡屋的組合盆栽庭園

鋪貼磁磚、店住合一的庭園露台，設置庭園桌椅，充滿咖啡屋風情的空間。以組合盆栽與色彩繽紛的花卉植物裝飾店面，完成明亮舒適的空間。進行鋪面完成色彩明亮的入口通道。茨城縣T宅、設計・施工＝GARDEN ROOM Yoshimura（有）、鋪裝材料＝四国化成工業「LINK STONE」

一個栽培箱即構成美麗的景色

立體素燒陶盆栽種植物構成甜美可愛的組合盆栽

種植草莓用立體素燒陶盆，栽種繁星花、報春花、藍眼菊等植物，構成甜美可愛組合盆栽。神奈川縣F宅、設計・施工＝GARDEN SERVICE（株）

盆栽擺放小巧思

將陶盆傾斜擺放，趣味性十足。景天屬植物從陶盆中探出頭來。神奈川縣Y宅、設計・施工＝ガーデン工房ふりーふ

庭園露台上設置陶甕打造組合盆栽庭園

庭園露台上設置陶甕，栽種樹木享受園藝樂趣。甕裡栽種常綠樹灰木。枝葉影子撒落在鋪貼天然石材的露台上，充滿清涼意象。兵庫縣K宅、設計・施工＝（株）四季SUN LIVE

多肉植物的迷你庭園

形狀優美的栽培盆，栽種多肉植物成組合盆栽。福岡縣H宅、設計・施工＝遊庭風流

組合盆栽的設置＆呈現 精心規劃鋪陳構成精采的畫面

擺在紅磚造花台上成為庭園的觀賞焦點

疊砌紅磚構築花壇，角上花台擺放天竺葵盆栽，成為庭園的觀賞焦點。兵庫縣M宅、設計・施工＝（株）四季SUN LIVE

擺在紅磚造立式水栓上構成優雅景觀

噴水壺造型的陶壺，栽種植物成組合盆栽，擺在紅磚造立式水栓上，構成優雅景觀。兵庫縣Y宅、設計・施工＝（株）四季SUN LIVE

融入庭園植栽的組合盆栽

融入植栽的陶盆。栽種銀葉菊、常春藤、金邊扶芳藤、矮牽牛、金錢薄荷等植物成組合盆栽。福岡縣Y宅、設計・施工＝GROUND工房

組合盆栽庭園的建造要點

將栽培箱擺在花盆架上

▲ 附有盆腳的陶盆。栽種植物不容易罹患病蟲害，不必擔心弄髒地板。

▲ 三足鼎立的陶盆，栽種六倍利、鐵線蓮（銀幣）、鐵線蓮的組合盆栽實例。

擺放栽培箱（栽培容器）或組合盆栽時，若擔心弄髒地板、或玄關，推薦使用花盆腳架、台座或設有盆腳的花盆等，較不容易弄髒地板。

組合圍籬&栽培箱

圖中圍籬與栽培箱的組合，可引導植物攀爬，構成漂亮景致，又自然地發揮遮擋視線作用。

安裝腳輪的栽培箱 完成美觀、實用的移動式花壇

大型栽培箱底部安裝腳輪，栽種針葉樹等，作好防風措施，完成移動式花壇。花壇設置於水泥地板的停車空間，既美化環境又能夠遮擋視線。安裝鎖定裝置，方便車輛出入時可固定。

陽台上最活躍的圍籬

▲ 四季開花的蔓性玫瑰。

在陽台上栽培蔓性植物時，圍籬也是效果絕佳的園藝資材。圖中實例原本以栽培箱（圖中右側）種植蔓性玫瑰，維護整理不容易，因此以圍籬＋栽培箱（圖中左側）擴充植栽空間。

※P.63施工實例皆為（有）庭樹園 設計・施工。

賞心悅目又方便通行的
入口通道庭園

版面設計＝橋本祐子（P.64 至 P.74）

由大門通往玄關的入口通道。夾道設置花壇、規劃植栽空間，打造賞心悅目、方便通行，又充滿四季變化的入口通道庭園。

濃厚普羅旺斯風情
優雅大方的入口通道庭園

庭園面積
約16坪

▲ 優雅漂亮，充滿普羅旺斯風情的入口通道庭園。栽種四照花，成為通往屋後木柵門的觀賞焦點（Eye stop）。大塊紅磚鋪設成的小通道，將草坪襯托得更加翠綠。白色圍籬引導鐵線蓮等蔓性植物攀爬。

新建室外設計（外部結構）工程實例。S先生透過網路遍尋岩手縣內室外設計公司，瀏覽本公司（EXTERIOR MOMINOKI）施工實例，「被自然線條深深吸引」而致電。

施工現場位於郵局附近，車輛熙來攘往，整棟建築一覽無遺。闢建庭園的目的在於遮擋外來視線，希望可愛的狗兒也能盡情地玩耍。

S先生闢建庭園的需求是：

①希望打造適度隱密充滿安心感，搭配普羅旺斯風建築物，設有優雅時尚白色灰泥牆的庭園。

②家人喜愛花草，希望打造能夠享受園藝樂趣的庭園。

S宅建築物落成交屋剛好是天寒地凍的12月，混凝土工程無法施工，因此先栽種3株高大針葉樹遮擋外來視線。開春後將針葉樹移往建築物後方，展開混凝土部分施工。

配合S先生最喜愛的跑車形狀，將灰泥牆加工成波浪狀（Wave）形狀。牆面下方設置心形小窗，讓愛犬能看到屋外，縫隙（Slit）處埋入鐵（Iron）製裝飾。

牆壁開窗，安裝船用照明設備（Marine lamp），空隙間設置間接照明，希望在夜晚也能夠欣賞庭園美景。牆腳下設有檢修口，設置半圓形窗，方便拆裝修繕。牆壁內側設置天使圖案造景、花台，繫綁愛犬的金屬配件也安裝兩處。牆內設置紅雪松（Red Cedar）材質的長形庭園座椅，風格獨特。

停車空間以自然線條設計，鋪設草坪。

鋪貼大塊紅磚構成入口通道，襯托草坪而顯得更加翠綠。紅磚旁保留土壤，隨時都能夠栽種植物。

▲ 造型可愛的FRP（玻璃纖維強化塑膠）製信箱，與擬真枕木的立式水栓。信箱＝DEA'S GARDEN「STUCCO」

▲ 紅磚道兩旁保留土壤，隨時能夠栽種植物。牆壁內側設置天使造景與花台，繫綁愛犬的金屬配件也安裝2處。間接照明映照著將樹木藍絲柏顯得更加立體突出。

◀ 夜晚木柵門周邊的景致。柔和燈光照亮通道，引導進入玄關。

▲ 適度隱密、安全感十足，與普羅旺斯風建築物充滿協調美感，優雅大方的白色灰泥牆。

▲ 牆腳下縫隙嵌入鐵製裝飾。

▲ 牆的內側設置造型獨特的紅雪松材質庭園座椅。

◀ ▶ 牆壁下方設置心形小窗，讓愛犬探頭看看屋外，牆角設有檢修口，因此設置半圓形小窗，方便拆裝修繕。

◀ S先生的愛犬。

◀ 配合S先生愛車的跑車形狀，灰泥牆設計成波浪狀。

岩手縣 S 宅
施工面積＝約 16 坪
施工期間＝約 14 日
設計 · 施工＝（株）EXTERIOR MOMINOKI

▲ 施工後的玄關正面的周邊景致。入口通道是以茶色系紅磚作成階梯，再以色彩明亮的樹脂鋪面後完成。栽種光臘樹作為象徵樹。

賞心悅目又方便通行的
入口通道庭園

被綠樹圍繞的入口通道

新建T宅。「森林中的家」是T先生起造建築物時就一直存在的意象。據說決定建築外觀顏色時，就是以襯托植物為重點考量。

因此必須竭盡所能地綠化有限的空間，鋪植草皮，打造明亮的空間。

考量連結柔美意象的玄關門廊，入口通道階梯施工時，以茶色系紅磚構成梯級，再以色彩明亮的樹脂鋪面。設置不同幅寬的階梯以增添變化，完成生動活潑的入口通道。配合門廊的階梯與線條營造縱深感，因此相較施工前，入口通道顯得更加寬敞。

除了道路側之外，停車空間側也以枕木打造階梯，因此立式水栓使用更加便利。

考量建造成本，門前矮牆設計素雅簡單，但選用的姓氏名牌十分講究。T先生親自手寫文字完成姓氏名牌。

T宅女主人熱愛植物，每次造訪T宅都發現庭園裡的植物又增加了，花草樹木欣欣向榮地生長令人驚嘆。女主人還說：「希望有一天，建築物南側也能夠打造庭園」。樹木圍繞的雜木風庭園越來越優雅漂亮了吧！我也深深地期待著，這座庭園的未來景象。

▲ 設置枕木構成停車空間側階梯，使用立式水栓更加便利。

▲ 以不同幅寬的階梯增添變化，生動活潑的入口通道。

▲ 外形優雅時尚的信箱。下方規劃植栽空間。

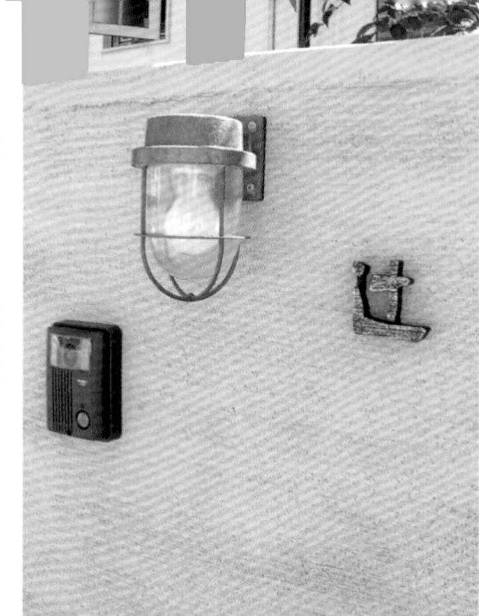

▲ 門前矮牆上精心挑選的姓氏名牌。名牌上文字是T先生親手所寫。

平面圖・立面圖・透視圖　製圖＝GROUND 工房

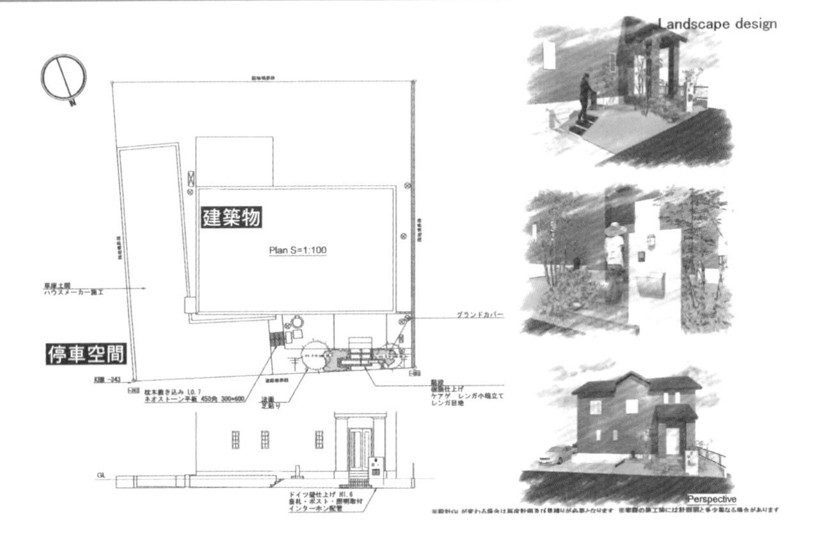

▶ 造型可愛，女主人最喜愛的庭園擺飾。

▶ 玄關周邊施工之前的樣貌。

▲ 由停車空間側看到的大門周邊施工之前樣貌。

◀ 由停車空間側看到的大門周邊施工之後景致。有限的庭園空間，鋪植草皮，經過綠化後更顯清新明亮。壁材：四国化成工業「pallet」

福岡縣 T 宅
施工面積＝約 5 坪
施工期間＝約 5 日
參考費用＝約 40 萬日圓
設計・施工＝ GROUND 工房

▲ 全景。入口通道與庭園露台融為一體的室外空間＆美麗庭園。

▶ 栽種銀葉菊、斑葉絡石等草類植物。

入口通道與庭園露台融為一體的室外空間＆美麗庭園

N宅的室外設計＆庭園建造，是以擴大庭園空間為優先考量，擬定將入口通道、門柱等大門周邊設施，與庭園露台、花壇融為一體的庭園建造計畫。

希望設置門柱，描畫柔美曲線線條，環繞庭園設置木板圍牆，打造適度隱密的優雅舒適空間。

融合建築物玄關階梯（Step）、入口通道與庭園露台，使每個空間都看起來更加寬敞。

木製圍牆下方刻意不設置木板，希望無論從庭園內、外都能夠盡情地欣賞花壇裡栽種的花草。

由道路側觀看時，木板圍牆高達兩公尺，於是在紅磚圍邊與木板圍牆之間栽種植物以降低壓迫感。

◀ 紅磚圍邊與木板圍牆之間，栽種植物以降低壓迫感。左起栽種鈕釦藤、蔓性玫瑰等植物。木板圍牆＝LIXIL（TOEX）「Designer parts」

▲ 門柱納入柔美弧線設計，環繞庭園設置木製圍牆，打造隱密舒適的空間。

◀ 女主人親自完成的花卉盆栽與吊盆。

◀ 蔓性玫瑰爬上木板圍牆充滿自然氛圍。

◀ 優雅時尚的照明與姓氏名牌。門柱上鋪貼馬賽克磁磚成為觀賞焦點。

▲ 入口通道、門柱等大門周邊設施，與庭園露台、花壇融為一體的建造計畫。左起栽種蔓性玫瑰、藍莓等植物。

▲ 紅色信箱為重點配色。信箱下方栽種金魚草、銀葉菊等植物。

▲ 栽種光臘樹作為象徵樹。

▲ 木圍牆內側也規劃植栽空間。

◀ 正面全景。

賞心悅目又方便通行的

入口通道庭園

兵庫縣 N 宅
施工面積＝約 15 坪
施工期間＝約 14 日
設計 ・ 施工＝（株）四季 SUN LIVE

▲剛完工時全景。入口通道（圖左）呈現末廣※意境的設計巧思，強調遠近感與縱深感。
※末廣：扇形般越來越寬廣，意喻越來越繁榮昌盛。

欣賞植物經年變化綠意盎然的入口通道

▶優雅時尚的鐵製姓氏名牌、古色古香的門燈與信箱。

平面圖・立面圖　製圖＝吉村造園土木（株）

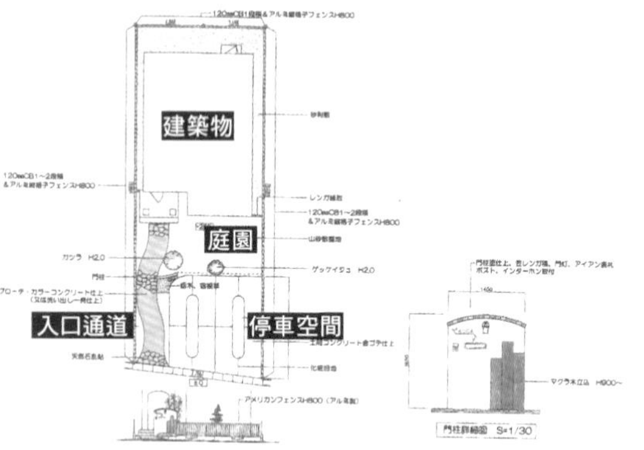

庭園面積 約15坪

坐落在愛知縣春日井市內住宅區的K宅。K先生提出大門周邊工程委託時需求是「採用紅磚、枕木、雅石等天然素材，打造充滿可愛意象的庭園」。

因此採用天然素材加上植物，以「欣賞草花與樹木成長，充滿可愛意象的室外設計」為主題擬定建造計畫。

為了回應K先生需求，主要門牆採用R（曲線）設計，再以疊砌紅磚構成的笠木（門牆的最頂層）、充滿柔美意象的粉紅色調灰泥牆，以及古意盎然的門燈、鐵製姓氏名牌、枕木花台組合構成整體設計。

以天然石材與洗石子隨意鋪貼完成入口通道，再以充滿末廣意象的設計，強調遠近感與縱深感。

▶剛完工時的門牆樣貌。植物長成後的美麗景象令人期待。

▲ 完工後2年的蛻變。植物欣欣向榮地生長，漸漸地融入周圍景觀。

▲ 完工2年後大門周邊景致。入口通道為天然石材與洗石子以隨意鋪貼為設計。

▼ 完工2年的美麗樣貌。栽種連香樹作為象徵樹，搭配種植迷迭香、鼠尾草類、野草莓、玫瑰天竺葵、花蔓草、銀葉菊等草花。

賞心悅目又方便通行的

入口通道庭園

愛知縣K宅
施工面積＝約20坪
施工期間＝約20日
參考費用＝約120萬日圓
設計・施工＝吉村造園土木（株）

門牆前與入口通道周邊大量栽種香草類、多年生草本植物，完工2年後，植物欣欣向榮地生長的優雅漂亮室外空間。

栽種的草花深受K先生喜愛與悉心照料，身為設計者感到無比欣慰。

對稱設計的西洋風入口通道

入口通道中途設置陶盆，栽種植物構成組合盆栽，迎接客人來訪。上部栽種酸模樹、河之星、蠟菊、野芝麻等植物。下部栽種薰衣草。以人字鋪形式鋪設紅磚。

兵庫縣 N 宅
施工面積＝約 10 坪
施工期間＝約 25 日
設計 · 施工＝（株）四季 SUN LIVE

庭園面積
約 10 坪

鋪設草坪＆栽種樹木 浪漫無比的入口通道

縱深感十足的入口通道，兩旁栽種喬木光臘樹、四照花。樹下統一種植銀姬小蠟帶入柔美意象。

庭園面積
約 20 坪

愛知縣 T 宅
施工面積＝約 20 坪
施工期間＝約 10 日
參考費用＝約 180 萬日圓
設計 · 施工＝ ICM GARDEN'S

嵌入方位圖 · 趣味性十足的入口通道

入口通道不規則地鋪貼天然石材，地面嵌入方位圖，趣味十足，充滿獨特氛圍。左側栽種橘色與黃色的萬壽菊。右側為草坪庭園。

方位圖＝四国化成工業「Terra Point」

庭園面積
約 10 坪

栃木縣 K 宅
施工面積＝約 27 坪
施工期間＝約 30 日
參考費用＝約 270 萬日圓
設計 · 施工＝ EXTERIOR GARDEN Taka9

綠意盎然 · 療癒氛圍濃厚的入口通道

舒適開放感的入口通道

充滿開放感，隨處規劃植栽空間的入口通道。左側樹木為木芙蓉，開黃色花植物為銀葉情人菊。搭配種植蔓長春花、紫唇花等草類植物。

庭園面積
約 10 坪

神奈川縣 Y 宅
施工面積＝約 10 坪
施工期間＝約 15 天日
設計 · 施工＝ガーデン工房ふりーふ

庭園面積
約 10 坪

神奈川縣 M 宅
施工面積＝約 10 坪
施工期間＝約 10 日
設計 ・ 施工＝ガーデン工房ふりーふ

能夠散步的入口通道

以不規則鋪貼黏板岩的入口通道。充滿沉穩氛圍。長著白色葉，從左側探出頭來的是銀姬小蠟。

■黏板岩
泥土因所處壓力環境不同而質變後轉化形成，質地細緻、堅硬、容易碎裂的薄板狀岩石。

庭園面積
約 6 坪

神奈川縣 S 宅
施工面積＝約 6 坪
施工期間＝約 8 日
參考費用＝約 60 萬日圓
設計 ・ 施工＝ GARDEN SERVICE（株）

鋪設紅磚＆栽種草類植物的小通道

鋪設紅磚與栽種草類植物，組合構成小通道，方便通行又充滿綠意。將斜鋪紅磚避免太單調，搭配栽種耐蔭能力強的蕨類、玉龍草等草類植物。

入口通道圍繞樹木，走在通道上宛如置身於森林中。

山間氛圍濃厚的庭園通道

沿途鋪設踏石的庭園通道，充滿山間氛圍。左起栽種馬醉木、日本紫莖、白櫟、山茶花等植物。

庭園面積
約 9 坪

埼玉縣 S 宅
施工面積＝約 9 坪
施工期間＝約 5 日
設計 ・ 施工＝（株）安行庭苑

■園路
庭園與庭園之間的小通道。

大自然環境中的入口通道

樹木圍繞，宛如闢建在高原森林裡的入口通道。左起栽種紅山紫莖（夏椿）、梣樹、四照花、紅山紫莖等樹木。

庭園面積
約 15 坪

神奈川縣 K 宅
施工面積＝約 15 坪
施工期間＝約 20 日
設計 ・ 施工＝ガーデン工房ふりーふ

栽種植物增添柔美意象

玄關階梯側邊重點栽種芒草、大吳風草。三色菫花朵接連綻放、芒草的彎曲線條使直角階梯化為柔美。

庭園面積
約 10 坪

神奈川縣 H 宅
施工面積＝約 10 坪
施工期間＝約 35 日
設計 ・ 施工＝ガーデン工房ふりーふ

植物為入口通道階梯增添生氣

植物＆天然石材形成鮮明對比的入口通道階梯

鋪貼天然石材的入口通道階梯。景天屬植物與天然石材形成鮮明對比。襯托古色古香的建築風格。

庭園面積
約 10 坪

福岡縣 I 宅
施工面積＝約 10 坪
施工期間＝約 30 日
參考費用＝約 300 萬日圓
設計 ・ 施工＝ GROUND 工房

享受大自然氣息的入口通道

描畫螺旋狀線條的入口通道階梯，栽種玫瑰、繡球花、百子蓮等藍色系花卉植物。

庭園面積
約 10 坪

岐阜縣 M 宅
施工面積＝約 10 坪
施工期間＝約 30 日
參考費用＝約 230 萬日圓
設計 ・ 施工＝吉村造園土木（株）

以季節草花增添色彩的入口通道階梯

設計典雅時尚的FRP製信箱，下方植栽空間栽種金線花柏、五色南天竹、密生刺柏等植物。栽種加拿大唐棣作為象徵樹。入口通道階梯兩旁也栽種季節草花。信箱＝DEASGARDEN「square-U」

福岡縣 K 宅
施工面積＝約 6 坪
施工期間＝約 14 日
參考費用＝約 80 萬日圓
設計 ・ 施工＝ GROUND 工房

入口通道庭園的建造要點

大門通往玄關的入口通道、引導前往庭園的庭園通道。以樹木、花草增添色彩，完成賞心悅目、方便通行的設計。建築物與鄰地交界處的空間、狹窄通道，經巧思與精心規劃，搖身一變成為美麗的庭園。組合運用天然石材、紅磚、枕木等，與植物搭配性絕佳的素材，打造庭園樂趣大大地提昇。

指導＝小澤明（庭樹園社長）、版面設計＝橋本祐子（P.75）

兩側設置賞心悅目花壇＆方便通行的入口通道

▲ 進行改造完成紅磚鋪面之後，既方便往來通行，也不需太費心維護整理，泥土不再噴濺。以經過加工處理的紅磚完成富於變化的花壇。

▲ 改造之前，以紅磚作成踏石狀，往來通行不方便，易因泥土噴濺而弄髒，必須小心翼翼地行走。

由大門口延伸至玄關處的入口通道。這樣的空間若僅僅是往來通道，那就太可惜了。通道幅寬達60cm，家人與腳踏車通行綽綽有餘。入口通道兩旁可疊砌紅磚構成花壇。設置低矮花壇就不會形成壓迫感。植物開花時既可以沿途欣賞，以舒適明亮的環境迎接客人來訪。

※P.75實例皆為（有）庭樹園設計、施工。

連死角空間都充分地利用

▲ 改造之前寬僅120cm的狹窄通道。隨處可見死角空間。

◀ 進行改造設置花壇之後的美麗樣貌。訣竅是全面鋪貼紅磚之後，再適度地抽掉紅磚。

玄關旁、建築物與圍籬之間的狹窄空間，任何住宅都很容易出現的死角空間。通常空間十分狹小，不容易摘除雜草等進行維護管理而荒廢。以紅磚、石材、鋪裝材料等，進行改造，充分地利用吧！

清爽鋪面方便往來通行

▲ 改造之前雜草叢生的通道。

◀ 進行改造，以真砂土鋪面之後，感覺十分乾淨清爽。沿著通道邊緣排列紅磚構成植栽空間，引導蔓性植物攀爬圍籬。

庭園面積
約 1 坪

常見的狹窄通道，原本雜草叢生，由於過於狹窄而不便維護整理的空間，以真砂土等材料進行鋪面之後，幾乎不需要維護整理，就能維持著美麗景觀。

車輛外出時可盡情欣賞庭園美景的
家用車 腳踏車 停車空間

版面設計＝橋本祐子（P.76 至 P.81）

停車空間是擁有家用車與腳踏車的家庭絕對不可或缺的設施。單純地規劃用於停車，容易成為冷硬、無趣的空間。設置花壇或植栽空間，以樹木、草花增添色彩，不停車時就成為賞心悅目的庭園。常見的混凝土鋪面於停車空間的地面，以草類植物填補縫隙形成美麗景觀。

▲ 全景。兼具景觀之美與便利性、融入停車空間的美麗庭園。栽種四照花當作象徵樹（圖中央），左起栽種女真、繼木、丹桂、光臘樹等植物。

兼具景觀＆便利・融入停車空間的庭園

Y先生委託新建外部結構工程時，提出「不像停車處的停車空間」設計想法。

因此於庭園住宅基地的正中央，栽種樹形（樹木的形狀）漂亮的象徵樹，完成充滿四季變化與柔美氛圍的外部結構。

規劃的停車空間足夠停放兩部家用車，門牆後方還能夠停放兩輛腳踏車。

完工之後，女主人親手配置庭園小物，完成兼具景觀之美與便利性，十分優雅美觀的外部結構。

庭園面積
約 20 坪

福岡縣 Y 宅
施工面積＝約 20 坪
施工期間＝約 20 日
設計 ・ 施工＝ GROUND 工房

▲ 景天屬多肉植物。

▲ 正面全景。門前圍牆的牆腳與外牆鋪貼同款磁磚。

▲▼ 夜晚點亮照明的美麗景象。

▲ 形狀可愛的兔子造型庭園裝飾。 ▲ 大花六道木。

▲ 蔓性植物常春藤。

花團錦簇的停車空間&庭園

▲大門周邊全景。納入曲線設計，庭園顯得更加寬闊。

▶圓形中央加入玫瑰圖案的設計。鋪面材料＝四国化成工業「エクラン」

▶玄關周邊花團錦簇的景致。

透視圖　製圖＝PARMY

坐落於住宅區內的A宅。A先生委託改造庭園時的需求是「希望品味素養卓越的PARMY能夠幫忙，活用古意盎然的既有庭園，使停車空間也成為庭園的一部分，打造美麗舒適的庭園。」

A先生家人十分熱愛花卉，尤其喜愛玫瑰與裝飾花卉的用品，因此規劃停車空間庭園時，淋漓盡致地表現，以符合A先生家人們的期望。以圓形鋪面中央加入玫瑰圖案的設計、牆壁使用玫瑰花造型的鍛鐵（Wrought iron）庭園裝飾為重點。隨處納入曲線設計，使空間看起來更加寬敞舒適。

◀砌築兩面牆壁，自然地陳設置物設施。

◀造型獨特的多功能門柱。信箱、姓氏名牌造型也十分可愛。多功能門柱、信箱＝LIXIL（TOEX）「Bolero function Pole 1型」、「Bolero post 3型」

▲牆壁設置玫瑰花造型鍛鐵庭園裝飾。壁材＝四国化成工業「pallet」

平面圖 ・ 立面圖 製圖＝PARMY

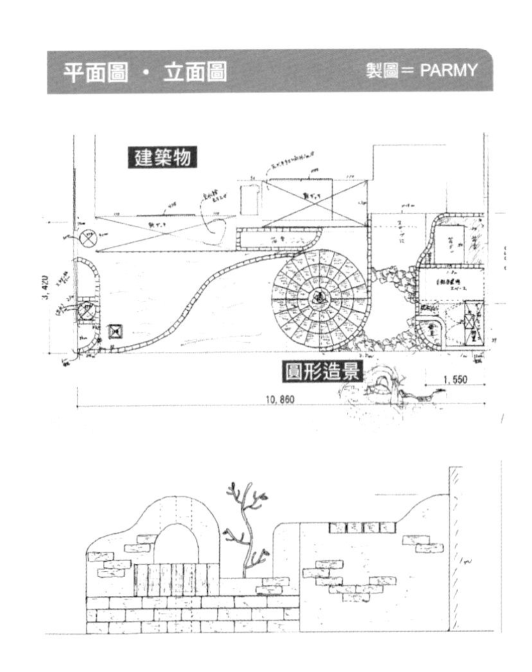

◀外形優雅的FRP（玻璃纖維強化塑膠）製置物設施。置物設施＝DEA's GARDEN「Dea's Shed Canna Mini」

◀紅磚造立式水栓，也作花台更加充分利用。

埼玉縣 A 宅
施工面積＝約 15 坪
施工期間＝約 20 日
設計 ・ 施工＝ PARMY

融入街道景觀的自然風停車空間

納入自然風Border（天然要素的區隔部分）要素的玄關周邊景致。栽種日本紫莖作為象徵樹。以植栽自然地遮擋建築物基礎。左起栽種澳洲迷迭香、小溲疏、六月雪、闊葉麥門冬等草類植物。植草縫隙種植迷迭香、闊葉麥門冬、玉龍草、鋪地百里香等植物。

庭園面積 約 **10** 坪

東京都 S˙H 宅
施工面積＝約 30 坪
施工期間＝約 10 日
參考費用＝約 140 萬日圓
設計．施工＝（株）安行庭苑

色彩明亮的南歐風停車空間

將地面縫隙加寬，栽種草類植物，突顯植物的存在感，消除混凝土地面的冰冷感覺。停車空間因為栽種植物增添綠意而搖身一變成為「庭園」。栽種植物的縫隙埋入鋪面材料，種植輪胎輾壓耐受力強的玉龍草，完成植草縫隙較寬，但不會影響停車的設施。混凝土的角上部位埋入那智石，使整體印象顯得更加柔美。灰泥牆下部規劃植栽空間，栽種迷迭香。信箱＝DEA'S GARDEN「STUCCO U」

庭園面積 約 **10** 坪

埼玉縣 S 宅
施工面積＝約 10 坪
施工期間＝約 14 日
參考費用＝約 100 萬日圓
設計．施工＝（株）安行庭苑

簡單素雅設計 洋溢溫馨感的停車空間

納入縱向線條的停車空間。小石塊鋪成十字型，停車空間與入口通道融為一體。叢生型光臘樹、日本紫莖配置成千鳥格狀，公用道路至玄關之間空間更加寬敞。

庭園面積 約 **11** 坪

埼玉縣 S 宅
施工面積＝約 11 坪
施工期間＝約 15 日
參考費用＝約 70 萬日圓
設計．施工＝（株）安行庭苑

以植栽＆植草縫隙改造成綠意盎然的停車空間

善用素材完成可愛迷人的停車空間

洋溢自然氛圍的停車空間。設置枕木與植栽，適度地遮擋外來視線，可懷著散步心情，一邊欣賞草花一邊使用停車空間。

庭園面積 約 **15** 坪

神奈川縣 O 宅
施工面積＝約 15 坪
施工期間＝約 15 日
參考費用＝約 70 萬日圓
設計．施工＝ガーデン工房ふりーふ

花壇植物增添綠意的停車空間

在窗前設置木格柵，適度地遮擋外來視線。格柵下方設置花壇，完成綠意盎然的停車空間。左側設置格柵。計畫將來引導玫瑰攀爬，從露台方向能方便欣賞的高度。打造玫瑰花繽紛綻放令人十分期待的美麗庭園。格柵＝三協アルミ「汎用形材、Mesh fence」

庭園面積 約15坪

兵庫縣 O 宅
施工面積＝約 15 坪
施工期間＝約 20 日
設計・施工＝（株）HIMAWARI LIFE

明亮溫馨感兼具的停車處及入口通道

停車空間及入口通道兩者兼具。使用相同素材鋪貼紅磚，入口通道階梯與花壇融為一體。紅磚造花壇裡栽種黃金絡石、銀葉菊、壺珊瑚等植物。停車空間地面的縫隙栽種玉龍草。

庭園面積 約11坪

岩手縣 S 宅
施工面積＝約 11 坪
施工期間＝約 30 日
設計・施工＝（株）EXTERIOR MOMINOKI

規劃植栽＆縫隙植草 打造綠意盎然的停車空間

停車空間周邊的自然風庭園

設置車棚（Carport）的停車空間。周圍規劃植栽，左起栽種紅花荷、日本紫莖、梣樹、刻脈冬青、日本楓等植物。

庭園面積 約10坪

茨城縣 S 宅
施工面積＝約 60 坪
施工期間＝約 50 日
設計・施工＝ SO-MA ORIGINAL GARDEN
（株）筑波 LANDSCAPE

草木圍繞的停車空間

玄關前自然地確保停車空間，足夠停放兩輛機車或腳踏車。草木圍繞的兩輛車停車位置，選種枝幹彎曲的樹木，樹下空間正好停放機車。

庭園面積 約3坪

神奈川縣 O 宅
施工面積＝約 35 坪
施工期間＝約 30 日
設計・施工＝ガーデン工房ふりーふ

種植象徵樹的庭園

栽種一株樹木即充滿自然風情

象徵樹（主樹）是庭園裡最具象徵意義的樹木，又稱Main tree。只是栽種一株象徵樹，大門周邊或主庭園氛圍就顯得十分柔美，還發揮遮擋陽光與外來視線的效果。從庭園中即能感受到四季更迭。

版面設計＝橋本祐子（P.82至87）

▲ 完工後大門周邊全景（秋季紅葉）。精心打造的居家環境，完成簡單素雅、充滿古意的室外設計。

▲ 施工前大門周邊全景。

▲ 以鐵木木料架設的棚架。

▶ 葉色充滿涼感的野茉莉（新綠）。

▶ 葉色漂亮的野茉莉（秋季紅葉）。

▶ 鋪貼天然石材而古意盎然的入口通道。

▶ 天然石材、灰泥、木材、植物的組合。

▶ 大門周邊全景（新綠）。象徵樹為野茉莉。

落葉飛散。靜享秋意漸濃的庭園時光

坐落於茨城縣筑波市的T宅。委託外部結構新建工程需求是「希望配合精心打造的居家環境，完成簡單素雅、充滿古意的室外（外部結構）設計」。

三輛車的停車位置已佔了大部分空間，依然堅持建造主要結構的入口通道時，天然石材、灰泥影壁牆、鐵木（堅硬如鐵的硬木）格柵等，包括建築物在內，必須協調地配置，達成整體感覺統一的設計。

栽種落葉樹野茉莉作為象徵樹。

鐵木顏色若呈現銀灰色，與充滿古意的入口通道感覺一定更為協調，更加賞心悅目。

茨城縣 T 宅
施工面積＝約 20 坪
施工期間＝約 14 日
參考費用＝約 120 萬日圓
設計 ・ 施工＝（株）Garden TIME

象徵樹自然地遮擋外界視線

起居室前栽種紅山紫莖（落葉樹）作為象徵樹。非常協調地配置植物，適度地發揮遮擋外來視線的效果。

庭園面積 約 18 坪

栃木縣 K 宅
施工面積＝約 18 坪
施工期間＝約 30 日
設計 ・ 施工＝ EXTERIOR GARDEN Taka9

象徵樹下栽種地被植物

與建築物十分協調、明亮西洋風大門周邊，栽種加拿大唐棣（落葉樹）作為象徵樹。以地被植物馬蹄金增添綠意，完成明亮的入口通道。

庭園面積 約 12 坪

兵庫縣 A 宅
施工面積＝約 12 坪
施工期間＝約 15 日
參考費用＝約 100 萬日圓
設計 ・ 施工＝（株）四季 SUN LIVE

象徵樹下規劃植栽空間

庭園中心栽種象徵樹

雜木庭園的中心栽種四照花（落葉樹）作為象徵樹。樹下栽種季節花草增添色彩。左起依序栽種白櫟、野茉莉、加拿大唐棣、黃櫨等其他樹木。

庭園面積 約 20 坪

長野縣 T 宅
施工面積＝約 50 坪
施工期間＝約 30 日
參考費用＝約 250 萬日圓
設計 ・ 施工＝ ISAAC DESIGN

以象徵樹凝聚視線焦點

栽種大柄冬青（落葉樹）作為象徵樹，凝聚視線焦點（Eye stop），自然地遮擋視線。左起栽種大柄冬青、白櫟、日本紫莖等樹木。入口通道階梯前也設置花壇，構成綠意盎然的大門周邊景致。

庭園面積 約 10 坪

茨城縣 G 宅
施工面積＝約 30 坪
施工期間＝約 25 日
設計 ・ 施工＝ GARDEN ROOM Yoshimura（有）

白＆綠的鮮明對比

以木棧露台銜接起居室的休閒舒適空間。室外一角栽種野茉莉（落葉樹）作為象徵樹。冬季落葉之後引進陽光增添暖意。

庭園面積
約 7 坪

千葉縣 N 宅
施工面積＝約 7 坪
施工期間＝約 21 日
參考費用＝約 170 萬日圓
設計 · 施工＝（株）Garden TIME

栽種象徵樹
增添柔美＆時尚感

栽種象徵樹
使冰冷建物顯得更加自然柔美

簡約時尚的RC（鋼筋混凝土結構）外觀，栽種楓樹（落葉樹），營造柔美氛圍。秋季欣賞楓紅景色。

愛知縣 K 宅
施工面積＝約 24 坪
施工期間＝約 30 日
參考費用＝約 300 萬日圓
設計 · 施工＝ ICM GARDEN'S

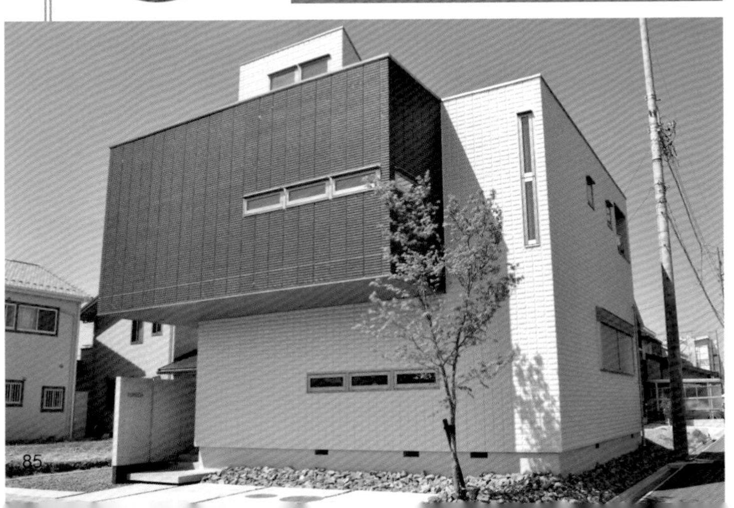

栽種象徵樹構成清新優雅景觀

流暢地配置藍色牆壁（Wall），簡約時尚的設計，選種不容易罹患病蟲害的叢生型野茉莉（落葉樹）。構成清新優雅的大門周邊景觀。

庭園面積
約 10 坪

茨城縣 O 宅
施工面積＝約 50 坪
施工期間＝約 40 日
參考費用＝約 180 萬日圓
設計 · 施工＝（有）ISAAC DESIGN

簡約＋自然＝美

以簡約、嶄新造型吸引目光，栽種一株象徵樹（梣樹）營造清新柔美意象。

愛知縣 N 宅
施工面積＝約 17 坪
施工期間＝約 10 日
參考費用＝約 480 萬日圓
設計 · 施工＝ ICM GARDEN'S

推薦作為象徵樹的樹木

橄欖樹

木犀科常綠喬木。打造南歐風庭園的人氣果樹。枝葉俐落、四季常綠，可為庭園增添柔美明亮氛圍。花期6至8月。圖片提供＝（有）庭樹園

野茉莉

安息香科落葉喬木，維持自然姿態最美。花期5至6月，花朵低頭綻放。神奈川縣T宅　設計・施工＝ガーデン工房ふりーふ

大柄冬青

冬青科落葉喬木，葉片薄而柔軟，廣為西洋風庭園栽種的人氣象徵樹。花期5至6月，開白綠色花。茨城縣I宅　設計・施工＝GARDEN ROOM Yoshimura（有）

加拿大唐棣

薔薇科落葉喬木。日文別名亞美利加采振木。花期4至5月，開白色花之後，6月結紅色小果實。神奈川縣H宅　設計・施工＝ガーデン工房ふりーふ

紅山紫莖

山茶科落葉喬木，叢生樹形最美，別名沙羅木、夏椿。耐乾燥能力強，初夏綻放白色小花，秋季呈現鮮豔楓紅景象。茨城縣N宅　設計・施工＝GARDEN ROOM Yoshimura（有）

光臘樹

木犀科常綠喬木，原生於南洋地區的樹木。成株高大，需要寬闊空間。花期5至6月，開白色錐形花。東京都S宅　設計・施工＝（有）庭樹園

★推薦作為象徵樹的樹木。

梣樹、大柄冬青、赤芽鵝耳櫪、梅樹、野茉莉、橄欖樹、連香樹、含笑花、鐵冬青、日本辛夷、紅竹葉、櫻花、茶梅、紫薇、光臘樹、紅山紫莖、加拿大唐棣、白樺、刻脈冬青、柳杉、山茶花、灰木、山茱萸、日本紫莖、鳳梨番石榴、串錢柳、羅漢松、松樹、楓樹（楓樹類）、四照花等。

山茱萸

山茱萸科落葉喬木，櫻花凋謝之後的春末時節為庭園增添色彩。開白色、粉紅色、紅色花，花色豐富多彩，秋季呈現楓紅景象。圖片提供＝ガーデン工房ふりーふ

灰木

灰木科常綠喬木。纖細小葉頗富人氣。花期3至5月，枝葉燒成灰之後常用於染色而稱為「灰木」。茨城縣T宅 設計・施工＝BREEZE GARDEN

刻脈冬青

冬青科常綠喬木，風吹時葉片颯颯作響。花期5至6月，開白色花，10月左右果實成熟轉變成紅色。茨城縣I宅 設計・施工＝GARDEN ROOM Yoshimura（有）

四照花

山茱萸科落葉喬木，叢生型樹形最美，廣受歡迎的象徵樹。秋季結果可食用。常綠四照花（香港四照花）為另一個品種。東京都I宅 設計・施工＝（有）庭樹園

楓樹

楓樹科落葉喬木，楓樹為俗稱。春季新綠、秋季楓紅格外美麗。以台灣掌葉楓、日本楓、垂枝楓、野村楓等最知名。神奈川縣H宅 設計・施工＝ガーデン工房ふりーふ

日本紫莖

山茶科常綠喬木，相較於紅山紫莖，植株較小，成長速度快，栽培成叢生型姿態更美。花期6至7月，開山茶花狀白花，秋季呈現楓紅景象。神奈川縣S宅 設計・施工＝ガーデン工房ふりーふ

充滿雜木林療癒氛圍的

自然風庭園

以植物的綠意與天然素材增添色彩的自然風庭園，能夠感覺到光、風、音與四季變化，充滿療癒氛圍的空間。多發揮創意巧思，居家小庭園就會成為感覺寬敞舒適，充滿療癒氛圍的雜木風庭園。

庭園面積 約15坪

▲ 庭園全景。降低圍牆高度，並塗刷成黑色，植物的存在感大大提昇。左起栽種赤芽鵝耳櫪、山杜鵑、枹櫟、日本楓等樹木，樹下栽種蝴蝶花、玉龍草等草類植物。

神奈川縣A宅
施工面積＝約15坪
施工期間＝約15日
設計 ・ 施工＝ガーデン工房ふりーふ

北側也闢建明亮的遮蔭庭園（Shade garden）

A先生提出面北庭園改造工程委託的需求是，「希望打造明亮又充滿開放感的庭園與木棧露台」。

因此擬定即便朝向北方也可以呈現明亮的庭園改造計畫。

A宅原本是面向東北闢建和風庭園，但圍牆較高，因此改造時將圍牆降低又塗刷成黑色，突顯植物的存在感。降低圍牆與造景石材的顯眼程度後，感覺庭園裡栽種的樹木與草類植物好像變得比較多。最後以黑色造景石材與植栽的協調美感，完成沉穩設計。

庭園露台鋪貼磁磚，搭配使用疏伐杉木料的木棧露台，完成柔和舒適的設計。栽種葉色帶綠的叢生型花柏作為象徵樹。花柏枝葉生長不會太茂密，營造通風透光意境。

木棧露台周邊陽光充足地帶栽種花卉植物，遮蔭處栽種蝴蝶花（日本鳶尾花）等耐蔭能力強的草類花卉植物作為點綴。以少許花色與沙礫襯托，地面即顯得十分明亮。

進行改造後，完成賞心悅目、植物維護整也輕鬆愉快的美麗庭園。

◀降低圍牆、造景石材的顯眼程度後，感覺庭園裡栽種的樹木與草類植物好像比較多。

◀栽種花柏、澤蘭、攀根等存在感十足的樹木。搭配蕨類、蝴蝶花（日本鳶尾花）等草類植物。

◀左起栽種石竹、除蟲菊、三色堇、大手毬等植物。

◀左起栽種蝴蝶花（日本鳶尾花）、澤蘭、攀根、夏雪草（白耳菜草）、老鸛草等植物。

◀木棧露台周邊陽光充足地帶栽種花卉植物，半遮蔭處栽種蝴蝶花（日本鳶尾花）等，以遮蔭能力較強的草類花卉植物為點綴。

▲以遮擋外來視線的圍籬為背景，充滿雜木林風情的植栽。左起栽種梣樹、山杜鵑、白樑、紫薇、丹桂等樹木。

兼具遮擋視線的圍籬為背景，襯托植栽充滿雜木林風情

K先生委託的是集合式住宅區域內，西、南側緊鄰建築物，冬季陽光無法照入的庭園改造工程。K先生的改造需求是：

①於鄰地交界處栽種植物，避免形成壓迫感，適度地遮擋外來視線。

②建築物改建之後，隨處可見混凝土結構，缺乏美感、太無趣，希望打造綠意盎然的居家環境。

③希望規劃植栽空間大量栽種雜木。

設置色澤沉穩的圍籬，構成綠色背景，徹底以植物為主角，精心規劃在任何季節都能夠發揮遮擋外來視線作用，充滿柔美意象的空間。

希望能夠降低一些成本，交界處磚牆部分不設置板材，外側規劃灌木植栽，擬定周延的掩飾遮擋計畫。

圍籬板材間隔約1.5公分通風效果佳又不會形成壓迫感。採用適度間隙的圍籬，完成不分表、裡，無論從庭園內或庭園外看，都十分賞心悅目的設計。由此可見K先生對於鄰居方面的考量是多麼地周到。

起居室前的庭園露台植栽，以落葉樹為主，充滿四季變化，能夠欣賞美麗花卉與紅葉。

來自玄關方向的視線也是以植栽適度地遮擋，組合栽種常綠樹與落葉樹，兩株樹木各司其職，達到落葉時期不會完全失去遮擋外來視線效果的設計。

岡山縣K宅
施工面積＝約15坪
施工期間＝約7日
參考費用＝約90萬日圓
設計・施工＝EXLIFE

▲ 完成改造之後，經過幾個月的栽培維護，樹木漸漸地融入庭園。

▲ 剛改造完成時狀態。加入灌木植栽，水泥磚圍牆的顯眼程度也會越來越低。

施工前

▲ 改造前狀態。

◀ 維護栽培期間的植栽。

◀ 開鮮豔粉紅色花的植物是小葉三葉杜鵑。

充滿雜木林療癒氛圍的

自然風庭園

▲（左）由玄關方向眺望庭園景致。（右）起居室前的庭園露台植栽以落葉樹為主，欣賞充滿四季變化的美麗花卉與紅葉。

平面圖・透視圖 製圖＝EXLIFE

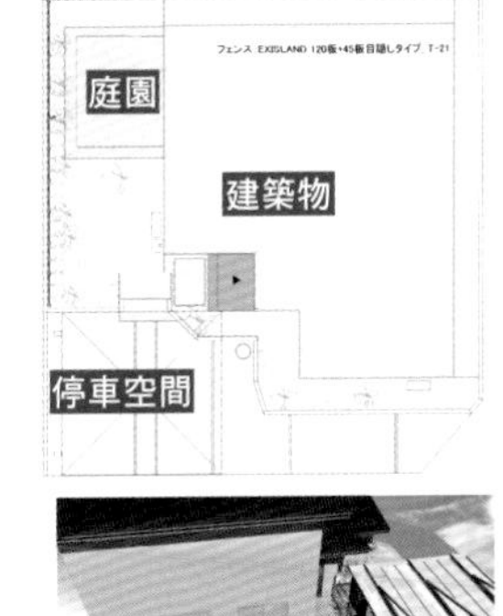

◀▼ 停車空間周邊的植栽，栽種植物以刻脈冬青、三菱果樹參等常綠樹為主。

庭園面積
約 **11** 坪

飽覽季節孕育的色・音・光之美

▲ 庭園全景。坐在木棧露台上欣賞庭園美景，宛如一幅畫。樹木呈現楓紅景象，紅葉為台灣掌葉楓，黃葉為日本楓。

▲日本楓樹下栽種玉龍草。

▲ 鋪貼天然石材的庭園通道，漫步森林般意境。

H宅建築物坐北朝南，因此庭園日照條件不佳。H先生的改造需求是「希望改造成能夠近距離感受季節變化，充滿沉穩氛圍的庭園」。

因此以「季節孕育的色・音・光之美」為主題擬定計畫。縱深感十足是這座庭園的最大特色。

關於「色」，以原本就存在庭園裡的紅豆杉與新設置的板牆為背景（Canvas），襯托楓樹、繡球花、皋月杜鵑等花卉植物的花與葉色。精心配置植物，發揮巧思構成富於變化的景觀。

「音」源自於竹筧水聲。潺潺流水聲為寧靜庭園增添雅趣。

「光」是指樹梢上灑落下來的陽光。由樹木間照射下來的柔和陽光，讓人心情格外舒暢。

春季萌芽、夏季綠葉、秋季楓紅、冬季裸木，完成的是多采多姿、富於季節變化的美麗庭園。

充滿雜木林療癒氛圍的
自然風庭園

神奈川縣H宅
施工面積＝約 11 坪
施工期間＝約 20 日
設計 ・ 施工＝ガーデン工房ふりーふ

▲ 綠意盎然的屋後木柵門周邊景致。左起栽種小葉羽扇楓、赤芽鵝耳櫪、光臘樹、東瀛珊瑚等樹木。

▲石材鋪面與石柱的組合運用。

▲ H先生親手設置的照明設備。

▲ 以原本就在庭園裡的紅豆杉綠籬（圖中後側），與新設置板牆為背景，栽種楓樹、繡球花、皋月杜鵑等植物。

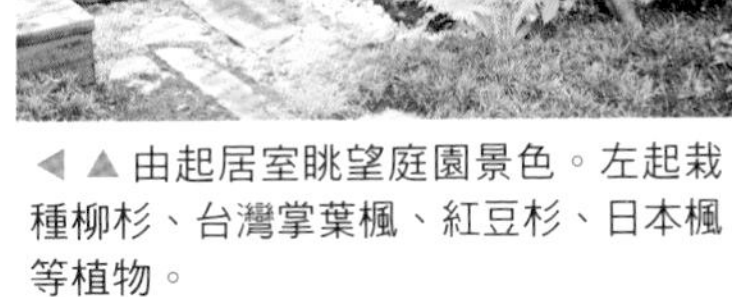

◀ ▲ 由起居室眺望庭園景色。左起栽種柳杉、台灣掌葉楓、紅豆杉、日本楓等植物。

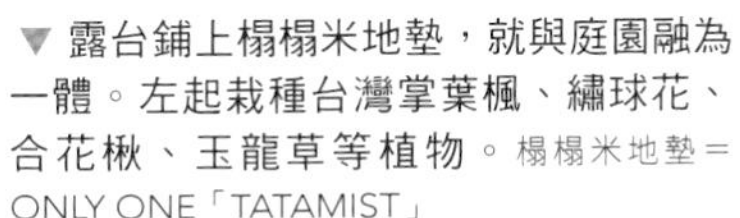

▼ 露台鋪上榻榻米地墊，就與庭園融為一體。左起栽種台灣掌葉楓、繡球花、合花楸、玉龍草等植物。榻榻米地墊＝ONLY ONE「TATAMIST」

▲耀眼奪目的紅葉。

使用灰泥牆＆紅磚 打造自然風屋前庭園

使用灰泥牆與紅磚，形狀與顏色都不會太搶眼，自然地融入庭園的設計。也挑選了綠色系信箱，與植栽自然地融合在一起。迷迭香健康地成長，蔓性植物常春藤爬滿灰泥牆，自然氛圍更加濃厚。栽種橄欖樹作為象徵樹，搭配種植連翹、薰衣草、蠟菊、羊耳石蠶等植物。

神奈川縣 O 宅
施工面積＝約 10 坪
施工期間＝約 15 日
設計 ・ 施工＝ガーデン工房ふりーふ

不止栽種植物
更配置石材等天然素材

多功能設計 綠色資源豐富的自然風庭園

圖中左側築起土堤部分是花田與菜園。對面設置圍籬引導小黃瓜與南瓜等植物攀爬。鋪貼石材的庭園露台是烤肉、玩球的區域。以植物們打造出的空間，隨著時間呈現變化，能夠自由地揮灑創意，盡情地欣賞運用的庭園。

神奈川縣 I 宅
施工面積＝約 15 坪
施工期間＝約 15 日
設計 ・ 施工＝ガーデン工房ふりーふ

圍繞著建築物慢慢地孕育完成的自然風庭園

隨著植物的成長，慢慢地孕育完成的自然風庭園。後門處斜坡（土堤）通往庭園的階梯，是以取自古城的石材，構成雅石庭園景色。左起栽種烏心石、大手毬、野茉莉、紫荊等樹木，以及栽種許多種類的花卉植物、草類植物，自然資源十分豐富的空間。

神奈川縣 I 宅
施工面積＝約 15 坪
施工期間＝約 20 天
設計 ・ 施工＝ガーデン工房ふりーふ

綠樹圍繞
充滿療癒氛圍的屋前庭園

希望打造一個不設牆、充滿大自然氛圍的家，總之，想打造一間看起來很像坐落在森林裡的家，懷著這個念頭擬定建造計畫，完成舉世無雙，能夠盡情地欣賞春夏秋冬四季之美的奢侈空間。春天欣賞嫩綠葉色，期待花朵繽紛綻放；夏季陽光由樹梢灑落，吹著習習涼風；秋季期待楓紅季節到來；冬季落葉，和煦陽光普照，充滿療癒氛圍的屋前庭園。

神奈川縣 H 宅
施工面積＝約 20 坪
施工期間＝約 20 日
設計 ・ 施工＝ガーデン工房ふりーふ

充滿光＆笑容的
自然風屋前庭園

活用既有植栽，後方設置磁磚露台與遮棚（Awning），將外部結構與庭園融為一體。在植栽周圍疊砌紅磚，完成優雅外觀，大大豐富了自然風庭園氛圍。

千葉縣 D 宅
施工面積＝約 4 坪
施工期間＝約 10 日
參考費用＝約 100 萬至 150 萬日圓
設計 ・ 施工＝（株）Garden TIME

愛犬舒適生活的庭園

冬季的日照時間較短，因此植栽整體設計得比較明亮，花費心思，設置方便拆裝的電動式圍籬。搭配栽種斑葉類灌木、多年生草本植物等草類植物，避免整體設施顯得太陰暗。以紅磚、隔斷材料等隔開植栽空間，鋪面以外區域鋪上防草墊之後，撒上沙礫進行美化。完成了能輕鬆愉快整理維護，綠色資源豐富的舒適庭園。

岡山縣 O 宅
施工面積＝約 7 坪
施工期間＝約 20 日
參考費用＝約 100 萬日圓
設計 ・ 施工＝ EXLIFE

能夠在戶外起居空間欣賞綠意的

木棧露台庭園

版面設計＝橋本祐子（P.96 至 P.99）

無論多麼狹窄的空間，都能夠建造的庭園露台。木棧露台前方規劃植栽空間，庭園中設置花壇，完成家人們享受休閒時光的場所與賞心悅目的庭園。

▲ 庭園全景。沿著鄰地交界處的牆壁設置花壇，移植原本種在庭園裡的光臘樹、常春藤、松樹等樹木。完成環境清幽，適合全家和樂相聚的場所。

庭園面積 約 **8** 坪

木棧露台為主・孩童安心玩耍的庭園

坐落在高地上，視野絕佳的K宅。委託的是8坪左右，空間狹小的庭園改造工程，K先生的需求是：

①以木棧露台為主，孩童們能夠安心玩耍的庭園。
②花團錦簇的庭園。
③規劃雜草防治管理。

因此沿著鄰地交界處的牆壁設置花壇，並將原先種在庭園中央，總覺得有點阻礙的光臘樹移植至庭園中。

以傳統古磚砌築成圓形花壇，同時移植常春藤、松樹（針葉樹）。

庭園角落設置讓孩童玩耍，以枕木圍邊的沙坑。沙坑以外區域鋪貼連鎖磚，進行雜草管理。

起居室前設置木棧露台，能夠看著孩子們玩耍。露台前設置庭園桌椅與大洋傘，打造適合全家大小一同休憩的空間。

▲設置遮棚（Awning），遮擋夏季時的熾熱陽光。

▲由玄關方向欣賞庭園美景。

▲沙坑以外區域鋪貼連鎖磚，作為雜草防治。

▲美式信箱。

▲移植的光臘樹、常春藤、松樹等植物。

▲白色花朵是迷你玫瑰。

兵庫　K邸
施工面積＝約 8 坪
施工期間＝約 18 日
設計 ・ 施工＝（株）四季 SUN LIVE

▲ 木棧露台旁也規劃植栽空間。栽種四照花、五色南天竹等樹木。
◀庭園角落以枕木圍邊，設置孩童玩耍的沙坑。

平面圖 ・ 立面圖　製圖＝（株）四季 SUN LIVE

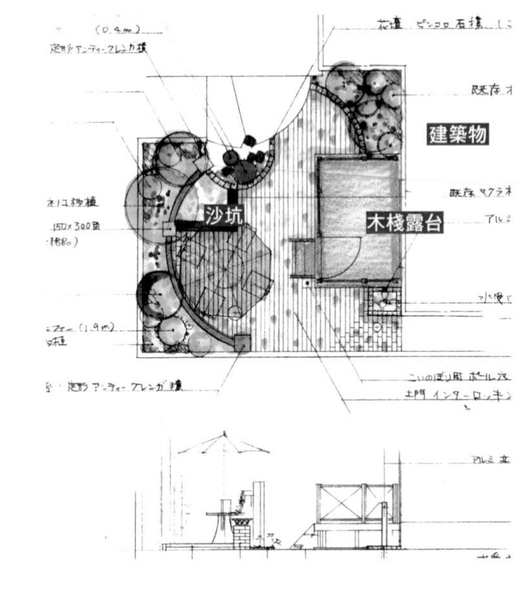

兼具遊戲功能的起居室庭園

四周牆壁圍繞的木棧露台，設置能欣賞美麗花朵的花壇空間，與隨時都能夠坐下休息的長條椅。特地加高露台地板，留下沙坑空間，孩子們也能夠享受樂趣。

庭園面積 約 5 坪

茨城縣 E 宅
施工面積＝約 15 坪
施工期間＝約 25 日
參考費用＝約 350 萬日圓
設計 ・ 施工＝（株）Garden TIME

以木料增添色彩的自然風庭園

設置木格柵圍籬與拱門的庭園露台。部分區域規劃花壇空間，使露台空間增添色彩及賞花樂趣。栽種喜沙木、藍眼菊、鱗托菊等植物，以刻脈冬青為象徵樹（圖中後側）。木圍籬・拱門＝TAKASHO「e-Wood slim panel 1型」・「Wood Amber」

庭園面積 約 3 坪

埼玉縣 T 宅
施工期間＝約 20 日
設計 ・ 施工＝ PARMY

同素材打造 木棧露台花卉庭園

活用不規則形狀的空間，完成木棧露台。栽培箱與長條椅也以相同素材作成。左起栽種梣樹、山杜鵑、光臘樹等樹木。露台屋頂＝三協アルミ「ナチュレ」

庭園面積 約 3 坪

岡山縣 K 宅
施工面積＝約 3 坪
施工期間＝約 15 日
參考費用＝約 220 萬日圓
設計 ・ 施工＝ EXLIFE

在木棧露台上規劃花壇

管理雜草功能的庭園露台 & 花壇

兼具雜草對策，設置木棧露台與灰泥牆高度至腰部的花壇。圖中由前往後依序栽種車桑子、鬈根、紐西蘭麻、橄欖樹等。

庭園面積 約 6 坪

福岡縣 O 宅
施工面積＝約 6 坪
施工期間＝約 13 日
參考費用＝約 100 萬日圓
設計 ・ 施工＝ GROUND 工房

木棧露台前花卉庭園

建築物東南方角地上設置木棧露台與棚架，淋漓盡致地美化至庭園角落。樹木為光臘樹。露台前花壇裡栽種仙客來、三色堇、香堇菜、情人菊等草花。

庭園面積
約 5 坪

栃木縣 N 宅
施工面積＝約 40 坪
施工期間＝約 60 日
設計 ・ 施工＝ EXTERIOR GARDEN Taka9

與花壇結合設計的木棧露台

規劃造型門柱與花壇融為一體的空間，充實木棧露台空間，保留居家外牆意象，營造整體感。花壇栽種四照花，夏季形成遮蔭而充滿涼感。灌木植物為五色南天竹。

岡山縣 T 宅
施工面積＝約 5 坪
施工期間＝約 5 日
參考費用＝約 60 萬日圓
設計 ・ 施工＝ EXLIFE

木棧露台前規劃植栽空間

木棧露台下花壇增添活潑感

起居室前設置木棧露台，下部栽種草花增添色彩。寬廣庭園鋪滿草皮。左起栽種金絲桃（火龍果）、湖北十大功勞、小檗、紅竹葉等植物。

德島縣 M 宅
施工面積＝約 200 坪
施工期間＝約 90 日
設計 ・ 施工＝（株）橘

照明設計轉換庭園浪漫氣氛

栽種日本楓作為象徵樹，配置在由室內、木棧露台、庭園的任何位置都賞心悅目的位置。點亮庭園照明，由下往上打亮植栽樹，庭園格外浪漫。木棧露台素材＝TAKASHO「TANMOKU WOOD（碳化木材）」

岡山縣 Y 宅
施工面積＝約 4 坪
施工期間＝約 10 日
參考費用＝約 60 萬日圓
設計 ・ 施工＝ EXLIFE

木棧露台庭園的建造要點

庭園中設置木棧露台，只是這樣就能夠享受舒適的戶外生活。木棧露台通常突出設置於起居室前，事實上，任何場所、不管多麼狹窄的空間都能夠設置。木棧露台可以視為優雅舒適的庭園空間，能夠當作重要的生活空間，更加廣泛地運用。

指導＝小澤明（庭樹園社長）、版面設計＝橋本祐子（P.100 至 P.101）

木棧露台旁設置花壇

右圖是木棧露台、木圍籬、花壇共三項設施的組合。以此方式打造花壇（Flower bed），就能夠近距離地欣賞植物，打造更加貼近生活的庭園。除了從起居室內欣賞之外，還成為吸引家人走出室外接觸大自然的庭園。也是木棧露台有效利用的方法之一。

▲ 改造之後吸引家人走出室外接觸大自然的庭園。

▲ 施工之前狀態。

▲ 左起栽種日本紫莖、紅花含花（Port Wine）、橄欖樹等樹木。

遮擋陽光暑熱的因應對策

一到了夏季，木棧露台上暑熱難當，必須謀求對策。設置遮陽設施（Shade）、栽種樹木都能夠遮擋陽光、或大型遮陽傘也可降低暑熱程度，但設置時必須確實作好防強風對策。

◀ 利用植物及涼棚遮擋陽光，以擋板保護下部，採用不需要費心維護整理的鐵木素材。以植栽方式規劃是高完成度的木棧露台設計。

庭園面積 約2.5坪

引導蔓性植物攀爬的木棧露台

▲ 木圍籬下方栽種蔓性植物鐵線蓮，與一年生草本植物的建造實例。引導蔓性植物爬上金屬製綠色圍籬構成花牆，打造賞心悅目的立體庭園。

木棧露台或木圍籬下方狹窄空間，栽種蔓性植物引導攀爬，就構成趣味性十足的景致。適合組合栽種一年生草本花卉植物，欣賞富於四季變化的美景。

庭園面積 約0.1坪

任何場所都能夠設置木棧露台

庭園面積 約0.6坪

設置木棧露台，淋漓盡致地活用空間，狹窄空間搖身一變成為美麗的庭園。

◀▲ 改造之前寬約1.2公尺的狹窄庭園，設有水泥結構的簷下走廊（上），以鐵木製的露台與兼具收納功能的庭園座椅進行改造（左）。

木棧露台中的植栽空間

庭園面積 約0.1坪

▲ 先栽種植物，再施工完成木棧露台。栽種樹木為刻脈冬青。

庭園面積 約0.1坪

▲ 木棧露台範圍內的花壇實例。置身室內就能夠欣賞花壇裡的美麗花朵。

於木棧露台範圍內規劃植栽空間、設置花壇，成為賞心悅目的庭園。木棧露台範圍內進行植栽時，請挑選耐乾燥能力較強的樹木。木棧露台下方易乾燥，適合栽種四照花、大柄冬青、楓樹等，不容易罹患病蟲害的落葉樹。

※P.100至P.101施工實例，皆為（有）庭樹園設計、施工。

花壇＆植栽打造宛如花園客廳的

露台庭園

版面設計＝橋本祐子（P.102 至 P.106）

露台範圍內設置花壇，或沿著露台周邊規劃植栽區域，就能夠營造明亮舒適氛圍。打造栽種香草類植物、蔬菜的廚房庭園，還能夠享受採收樂趣。以天然石材、紅磚、磁磚等，與植物搭配性絕佳的天然素材，進行露台鋪面，完成優雅舒適的露台庭園。

▲ 裝飾牆周邊齊聚庭園座椅、水栓、照明、花壇等設施，構成觀賞焦點。左起栽種帚石楠、礬根、迷迭香、克羅威花（Crowea saligna）、大花六道木等植物。

優雅地度過午後＆傍晚的美好時光

▶構成庭園觀賞焦點，還能夠盡情地使用、欣賞的場所。

▶由室內眺望庭園。配合露台形狀，設置的遮陽棚也是三角形。

▲ 精心改造後完成現代化庭園。

▲ 庭園改造前的樣貌。

▲ 將牆壁、格柵線條與磁磚縫隙線條錯開，完成鈍化、空間意識的計畫。

▲ 由屋裡眺望庭園時，牆壁與露台形成角度，故將露台設計成三角形。

▲ 夜間拉開窗簾，讓庭園燈光灑入窗內，盡情地享受輕鬆悠閒的美好時光。

▲ 點亮庭園照明，使主要樹木日本楓（圖左）姿態，顯得優雅別緻的庭園照明設置計畫。

E先生委託改造庭園的需求是「希望庭園裡設有木棧露台、及鋪貼磁磚的露台」。

女主人熱愛庭園樹木，改造前先針對既有樹木該保留或處分，進行詳細的調查，將欲保留的樹木暫時移植他處，待結構物建造完成後再移回庭園中。

將與鄰地交界處遮擋外來視線的設施，控制在最小限度情況下、及不影響從室內欣賞庭園美景，同時確保動線的整體規劃。

配置裝飾牆遮擋置物設施，希望確保寬敞空間，而且相對於室內欣賞庭園美景的視野，特別將裝飾牆設計為斜向的角度。

裝飾牆邊齊聚庭園座椅、水栓、照明、花壇等設施，構成觀賞焦點（Viewpoint）。以賞心悅目、使用方便為庭園建造重點。

保留既有樹木，儘量擴大露台空間，設計成從室內看向屋後，牆壁與露台形成角度的三角形露台。此外，錯開牆壁、縱組格柵（Screen）的線條與磁磚縫隙（接縫）線條，鈍化空間意識，以維持空間的延續性，順利地完成庭園改造計畫。以擴大有限的空間視覺效果為設計目標。

設計時刻意地降低露台地面高度，以突顯庭園主要樹木日本楓。擬定照明設置計畫，以點亮照明使主要樹木顯得更加突出立體。

為搭配露台形狀，遮陽棚也訂製成三角形。

整體而言，完成了一座充滿自然風情的現代化庭園。

完工之後，E先生待在庭園裡的機會增多，經常邀約親朋好友們來家裡作客。夜晚時分拉開窗簾，調低照明亮度，盡情地享受輕鬆悠閒的美好時光。

茨城縣 E 宅
施工面積＝約 10 坪
施工期間＝約 14 日
參考費用＝約 160 萬日圓
設計 ・ 施工＝（株）Garden TIME

花團錦簇的
花卉露台庭園

不規則鋪貼天然石材的庭園露台，前方規劃植栽空間。栽種樹木為香龍血樹，栽種瑪格麗特、大波斯菊、多肉植物（Melaco）、報春花（juliana）、秋海棠等草花。

栃木縣 N 宅
施工面積＝約 40 坪
施工期間＝約 60 日
設計 ・ 施工＝ EXTERIOR GARDEN Taka9

適合大人們放鬆休閒的
亞洲度假風露台

充滿設計感的高牆（裝飾牆），兩旁設置花壇，非常協調地與角柱組合，消除壓迫感。花壇裡栽種紅竹葉。植物並未橫向排列栽種，而是精心配置營造縱深感。左起栽種常綠四照花、藍莓、香桃木等樹木。

千葉縣 H 宅
施工面積＝約 10 坪
施工期間＝約 10 日
參考費用＝約 125 萬日圓
設計 ・ 施工＝ SPACE GARDENING（株）

露台區域內與角落處皆規劃花壇＆植栽空間

室內眺望也賞心悅目的
自然風庭園

鋪貼磁磚的露台，角落處規劃植栽空間，完成看起來十分舒服護眼的露台庭園。栽種樹木為光臘樹，搭配栽種迷迭香、玉簪、蔓長春花等草類植物。
裝飾架＝DEA'S GARDEN「Wall shelf」

庭園面積
約 3 坪

兵庫縣 T 宅
施工面積＝約 30 坪
施工期間＝約 20 日
設計 ・ 施工＝（株）HIMAWARI LIFE

洋溢優雅自然風情的
磁磚鋪面露台

以磁磚設計圖形為優雅舒適的庭園露台，正面規劃植栽空間。栽種報春花（juliana）、香菫菜、香雪球等草花。

庭園面積
約 10 坪

千葉縣 F 宅
施工面積＝約 19 坪
施工期間＝約 15 日
參考費用＝約 270 萬日圓
設計 ・ 施工＝ SPACE GARDENING（株）

象徵樹＆摩登時尚感露台庭園

簡約素雅、摩登時尚的黑白色系庭園露台。規劃植栽空間，栽種光臘樹（常綠樹）作為象徵樹，適度地形成樹蔭。

庭園面積 約 10 坪

福岡縣 T 宅
施工面積＝約 33 坪
施工期間＝約 60 日
設計 ・ 施工＝遊庭風流

栽種象徵樹形成樹蔭

露台以鋪貼磁磚為主，配置兼具美化與遮擋視線作用的植栽。栽種四照花（落葉樹），夏天形成樹蔭。

庭園面積 約 10 坪

愛知縣 N 宅
施工面積＝約 98 坪
施工期間＝約 20 日
參考費用＝約 400 萬日圓
設計 ・ 施工＝ ICM GARDEN'S

栽種象徵樹增添華麗感的露台

庭園面積 約 9 坪

福岡縣 A 宅
施工面積＝約 9 坪
施工期間＝約 14 日
設計 ・ 施工＝遊庭風流

以天然石材不規則鋪貼的露台內，設置圓形花壇，栽種山茱萸（落葉樹）作為象徵樹。秋末時分開花，為露台增添華麗色彩。

栽種象徵樹＆草花為庭園增添光彩

季節草花繽紛綻放的露台

將露台鋪貼磁磚，設置花壇，不會弄髒雙腳，維護整理花草時更輕鬆愉快。繽紛綻放的草花為薹草、囊距花、萬壽菊、鼠尾草、石竹等。右側樹木為四照花。

群馬縣 W 宅
施工面積＝約 53 坪
施工期間＝約 30 日
設計 ・ 施工＝（有）創園社

涼棚架突顯明亮優雅庭園露台

於回遊式庭園一角設置涼棚架，呈現出明亮優雅的露台。規劃植栽空間，以多年生草本植物為主，栽種植物降低牆壁的存在感。

庭園面積 約 2.5 坪

福岡縣 K 宅
施工面積＝約 2.5 坪
施工期間＝約 10 日
參考費用＝約 90 萬日圓
設計 · 施工＝ GROUND 工房

露台周邊規劃植栽空間

宛如關建在森林裡的自然風庭園

以鋪貼石材的庭園露台為主軸，進行區隔，完成統一鋪設石材的入口通道與草坪。栽種樹木為梣樹、大柄冬青。

茨城縣 H 宅
施工面積＝約 23 坪
施工期間＝約 20 日
參考費用＝約 200 萬日圓
設計 · 施工＝ SO-MA ORIGINAL GARDEN
（株）筑波 LANDSCAPE

以花壇＆植栽豐富的露台庭園

磁磚露台周邊設置花壇、規劃植栽空間，左起栽種光臘樹、橄欖、圓葉木犀等樹木，搭配種植迷你仙客來、菊花（North Pole）、西洋櫻草等草花。

庭園面積 約 5 坪

千葉縣 S 宅
施工面積＝約 60 坪
施工期間＝約 30 日
設計 · 施工＝ SPACE GARDENING（株）

享受賞花樂趣的自然風庭園

庭園面積 約 3 坪

千葉縣 H 宅
施工面積＝約 70 坪
施工期間＝約 90 日
設計 · 施工＝ SPACE GARDENING（株）

可放眼欣賞海景的圓形露台。周邊規劃植栽空間，以萬壽菊、日日春、狀似芒草的蒲葦等植物增添色彩。

露台庭園的建造要點

露台是家人與客人們放鬆休憩的場所。適度地遮擋外來視線就能成為隱密舒適的空間。露台鋪面素材很廣泛包括木料、枕木、天然石材、磁磚等，鋪貼磁磚節省維護整理的時間與心力。若能在庭園露台上設置日光室，一定也會更加舒適呢！

指導＝小澤明（庭樹園社長）、版面設計＝橋本祐子（P.107）

圓形露台顯得庭園更寬敞

▲ 圓形露台建造實例。中央栽種橄欖樹，周邊搭配草花增添色彩。栽種金合歡、繁星花、銀葉菊、柳葉百日草、鞘蕊花、粉萼鼠尾草、日日春、玉龍草等植物。

將石材鋪貼成圓形構成的露台稱為圓形露台（Circle terrace），可使庭園顯得更加寬敞。中央栽種象徵樹，再以草類植物圍邊，完成的圓形露台更活潑、賞心悅目。

遮陽防暑對策

◀ 以遮棚與樹木遮擋陽光的日光室。栽種日本楓（珊瑚閣）、日本紫莖、紅淡比樹等樹木。Garden Room＝LIXIL（TOEX）「Zima」

一到了夏季，庭園露台暑熱難當，必須謀求對策。以遮陽設施（Shade）或樹木遮擋陽光。設置日光室時，也必須擬定遮陽、防熱對策。

加大圓形植栽空間

◀ 圓形植栽部分大小適中。

左圖為圓形露台建造實例。中央以北美四照花作為象徵樹，樹下搭配栽種草花。建造圓形露台時，參考此實例，將圓形植栽空間加大即可。圓形植栽部分土壤太少時，栽種的樹木容易枯死。

明確區分生活＆植栽空間

▲ 以真砂土鋪面與鋪貼石材於露台中，可避免雜草叢生，也不需太費心維護整理。以紅磚與石材區隔出花壇與植栽空間，讓植物在空間中健康地生長。

庭園露台與入口通道等，著重實用性的空間地面，儘量規劃成方便清除雜草等，不需要費心維護整理的狀態。發揮巧思，將植物種入花壇（Flower bed）裡構成賞心悅目植栽。

※P.107施工實例皆為（有）庭樹園設計、施工。

小巧庭園營造趣味 展現風采的設施

使庭園生活更加多采多姿、方便引導蔓性植物攀爬，庭園作業的好幫手非常多，
本單元介紹的都是魅力十足的庭園建造常見設施。

※P.106至P.109施工實例皆為（有）庭樹園設計、施工。

格柵 Trellis

架設格柵是為引導蔓性玫瑰、蔓性植物攀爬，近年來，格柵已經成為庭園建造不可或缺的設施。格柵形狀包含格子狀或扇形，材質包含木料、金屬、塑膠等。適合引導攀爬的植物為蔓性玫瑰、百香果、忍冬、常春藤等。格柵也具有遮蔽的作用。

▲ 沿著木棧露台邊緣設置格柵，栽種冬季開花的鐵線蓮（常綠植物），也遮擋外來視線。

攀藤架 Pergola

攀藤架狀似日本常見的紫藤花架，其中以突角形式最受歡迎。庭園角落設置攀藤架便能成為視覺設計重點。用法豐富多元，適合遮擋陽光、引導蔓性植物攀爬。攀藤架與木棧露台的組合運用也越來越常見，設置構成庭園裝飾或設置於入口通道，既可遮擋陽光又賞心悅目。攀藤架通常以木料製成。

▲ 完工3年後的美麗景象。引導白色與黃色木香薔薇攀爬，充分地發揮遮擋陽光與外來視線的作用。

木棧露台 Wooden Deck

木棧露台（平台）。通常以突出形式設置於起居室前。素材包含木材、木樹脂、硬質塑膠等，形狀包括三角形、四角形、扇形等。並設遮棚使日光室更加舒適。

◀ 以遮棚遮擋陽光，設置擋板（幕板）保護下部，規劃植栽空間，是打造得相當完美的木棧露台。

拱型花架 Garden Arch

設置於大門或庭園出入口。自古以來令人印象深刻的玫瑰拱型花架，近年來，充滿設計感、加上漂亮裝飾的拱型花架越來越常見。僅設置一座拱型花架就能夠增添變化，使庭園顯得更加立體。拱型花架上部以圓弧狀居多，通常以容易加工成曲線狀態的鍛鐵製成，因此十分堅固耐用。

◀ 攀藤架風拱型花架，引導木香玫瑰攀爬。這是為了欣賞漂亮玫瑰花而設置的攀藤架風拱型花架實例。

木圍籬 Wooden Fence

木圍籬（隔牆），形狀包括縱組格柵、斜組格柵（Lattice）、縱向設置木板、橫向設置木板等構成。具有區隔與遮擋外來視線作用之外，還可用於吊掛盆花、吊盆等，引導蔓性玫瑰、鐵線蓮等蔓性植物攀爬也十分便利。

▲ 引導蔓性玫瑰攀爬的格柵圍籬。

方尖塔型花架 Garden Obelisk

最常見的作法是以金屬棒組成圓柱狀，引導蔓性玫瑰或鐵線蓮等植物攀爬。一般設置時，若僅是將金屬棒材質花架插入土中，經植物成長茂盛後，很容易因為植株重量、或強風吹襲而倒塌。因此於庭園裡施工架設方尖塔型花架時，請參考圖示中作法，利用混凝土，確實地固定方尖塔型花架的基部。

▲ 引導鐵線蓮與素馨葉白英攀爬的方尖塔型花架。

庭園照明設備 Garden Lighting

夜間照亮庭園的照明設備。市面上有依不同大小、形狀的照明設備可供選擇，以古意盎然的船用照明設備（Marine light）最有人氣。規格種類大致可分成落地式、吊掛式、安裝式等類型。施工也比較簡單。近年來廣泛使用的是省電型LED（發光二極體）燈。

▲ 點亮照明設備的庭園。大部份燈具皆使用低電壓，即使增設照明燈數仍相當省電。搭配不同形式的庭園照明，享受白天與黑夜不同氣氛轉換。
照明設備＝TAKASHO「Garden Scape Light」

日光室 Sun Porch

日光室是指在起居室或客廳外側，設置為外凸的半戶外空間，多設置於露台或平台上，為了採光，通常以金屬材料完成框架後，安裝玻璃。明亮陽光照射時的日光室舒適無比，設置能夠開啟、關閉的窗戶，夏季時習習涼風吹入感覺舒適，冬季陽光普照格外溫暖，可當作起居室使用。梅雨季節期間，即便開放日光室，雨水也不會飄進起居室，設置優點不勝枚舉。

▲ 設置日光室，建築物內外融為一體。

壁泉 Wall Fountain

在牆壁上安裝水龍頭。水的流出口稱為吐水口，最常見的是組裝龍頭、或獅頭等雕刻的吐水口。又以灰泥牆或紅磚牆等最常見的設施。可作成曲線狀或階梯狀等形式。配合庭園或周邊素材設置壁泉，還可構成優雅漂亮的觀賞焦點（Focal point）。

◀ 紅磚造壁泉。

庭園座椅 Bench

可坐下歇息的庭園設施，使用素材包括木料、石材、紅磚、金屬、磁磚等，一般市面上即可買到現成的庭園座椅，設置於屋外可風吹雨淋。若使用木製品必須悉心維護，方法簡單，以毛刷塗刷防腐劑即可。近年來，不需要維護整理的鐵木材質等庭園座椅也很常見。

▲ 造型獨特，柚木材質的庭園座椅。以半圓型椅背組合座椅，看起來像船舵，也像其中一半埋入土裡的車輪。

鍛鐵 Wrought Iron

鍛鐵。鐵塊經過高溫加熱之後，職人們以鐵鎚一鎚一鎚地敲打完成，皆為手工製造、獨一無二的作品。在歐洲建造庭園時，常用於製作圍籬、門、吊掛設施等。

▲ 引導素馨葉白英攀爬鍛鐵圍籬，大大地提昇利用價值。

遮棚 Awning

簡單地來說，遮棚（Awning）就是以帆布作成，用於遮擋陽光、雨水的設施，日本還很少見，在歐洲各國的一般家庭經常使用此設備，可遮擋烈日和雨水。若在木棧露台、平台上方設置遮棚，使空間更加舒適。夏季時遮棚多少能發揮作用，減少冷氣使用，具有節約能源效果。

▲ 以金屬配件安裝即能完成的簡易遮棚。
遮棚＝TAKASHO「人間讚歌Shade」

紅磚造烤肉爐 Barbecue Grill

以一般耐火紅磚與石材等疊砌構成烤肉台，完成庭園用烤肉爐。設置烤肉爐通常都會搭配炙烤蔬菜、肉類等食材的烤網或鐵板使用。並設立式水栓與清洗場所更加便利。其次，為了防污及擺設食材空間，在爐具前規劃鋪設了紅磚及磁磚也十分便利。

▲ 紅磚造烤肉爐。納入曲線與形成高低差，完成趣味性十足的設計。

庭園家具設備 Garden Furniture

設置在庭園中的家具。庭園家具設備泛指在庭園裡放鬆休息、烤肉時使用的桌椅等設備。素材種類多元，包含木材、金屬、硬質塑膠等。一般庭園用品賣場等就能輕易買到現成的庭園家具設備，但職人們手工打造的木製或鍛鐵製庭園家具設備，無法大量生產，必須特別訂製。

▲ 擺放庭園家具設備，將起居室與庭園融為一體。

提升庭園魅力的用品&布置集錦

居家空間不寬敞，依然能夠打造優雅舒適的庭園。善加利用庭園建造資材與構造物，並栽種植物營造立體感，就能夠形成優雅舒適空間。其次以植物遮擋不希望外露的設施，就能夠打造賞心悅目空間。千萬不要因為空間狹小就放棄，請積極地挑戰完成優雅舒適庭園。

版面設計＝橋本祐子（P.110至P.119）

••• 充滿立體感的居家小庭園 •••

④格柵 P.114

③方尖塔型花架 P.113

②攀藤架 P.112

①拱型花架 P.111

⑦壁掛吊盆 P.117

⑥圍籬・木板圍牆 P.116

⑤牆壁・圍牆 P.115

••• 美化隱蔽影響美觀設施 •••

P.118

充滿立體感的居家小庭園①

拱型花架

為庭園入口活潑增色的拱型花架。充滿自古採用的木製玫瑰拱型花架意象，近年來更廣泛被採用的是增添裝飾後、富於設計感的拱型花架。製作拱型花架素材除了木料之外，還包括鐵（Iron）、鍛鐵等更加堅固耐用的素材。

鐵製拱型花架

造型典雅的鐵製拱型花架。
引導玫瑰（Pierre de Ronsard）攀爬。
兵庫縣T宅 、設計・施工＝（株）四季SUN LIVE

狀似玫瑰園的拱型花架

漂亮得宛如玫瑰園的拱型花架。
精心設計造型的鍛鐵拱型花架。
神奈川縣I宅、設計・施工＝ガーデン工房ふりーふ

乙烯基塑料拱型花架

鄉村風拱型花架。PVC樹脂（Vinyl）材質，不需太費心維護整理的拱型花架。設計・施工＝（有）SEALINK

華麗繽紛的拱型花架

布滿華麗繽紛粉紅色與白色玫瑰花的拱型花架。
茨城縣 E 宅、設計 ・ 施工＝（株）筑波 LANDSCAPE

綠意盎然的玫瑰拱型花架

綠意盎然的玫瑰拱型花架。玫瑰品種為Angela。岩手縣T宅、設計・施工＝（株）EXTERIOR MOMINOKI

木香薔薇拱型花架

以華麗優雅的木香玫瑰拱型花架迎接客人來訪。埼玉縣T宅、設計・施工＝（株）安行庭苑

玫瑰拱型花架為主角的庭園露台

以主要庭園（Main garden）為中心，設置拱型花架與庭園露台。庭園小徑（Garden path）為玫瑰小徑，小徑旁以草坪增添變化與明亮感。以玫瑰拱型花架與圓頂攀藤架組合，構成豐富幽雅的庭園。長野縣M宅、設計・施工＝（有）ISAAC DESIGN

充滿立體感的居家小庭園②

攀藤架

狀似日本紫藤花架的攀藤架。引導以玫瑰為主及山苦瓜等蔓性植物攀爬，近年來，最廣泛用於打造「綠窗簾」的設施。庭園角落設置攀藤架就剛好構成設計重點。可遮擋陽光、引導蔓性植物攀爬，攀藤架具有多種使用樂趣。

生動活潑的三段式攀藤架

鐵木材質的攀藤架，設計成三階段，表現不同高低層次與面向，完成各具重點、充滿生動活潑氛圍的攀藤架。東京都E宅、設計・施工＝（有）庭樹園

配置掛鉤的攀藤架

以十年保證具防腐、防蟻效果的木料製成的攀藤架。配置掛鉤後，希望掛滿花卉植物裝飾庭園。常見的攀藤架為突角形式。福岡縣K宅、設計・施工＝遊庭風流

三角形攀藤架

鐵木攀藤架搭配木圍籬。栽種光臘樹發揮遮擋外來視線效果，完成如打擊樂器三角鐵形設計。千葉縣S宅、設計・施工＝SPACE GARDENING（株）

蔓性玫瑰攀爬的立體攀藤架

攀藤架與圍籬。引導蔓性玫瑰攀爬營造立體感，賞心悅目又能夠遮擋陽光。東京都K宅　設計・施工＝（有）庭樹園、木圍籬＝TAKASHO「e-ウッドフェンス」

路過行人也被深深吸引的攀藤架

窗邊設置攀藤架，引導美麗的玫瑰攀爬，深深地吸引住來訪客人的目光。千葉縣N宅、設計・施工＝SPACE GARDENING（株）

充滿立體感的居家小庭園③

方尖塔型花架

方尖塔型花架是指金屬棒組合成圓柱狀，常用於引導蔓性玫瑰或鐵線蓮等蔓性植物攀爬的庭園設施。玄關前等狹窄空間，或無法設置圍籬、砌牆等場所，可設置方尖塔型花架，引導植物攀爬，即可構成立體又美化環境的設施。

兼具庭園座椅功能

外形優雅兼具庭園座椅功能的鐵（Iron）製方尖塔型花架。可置身於綠意盎然環境中放鬆休息。岩手縣T宅、設計・施工＝（株）EXTERIOR MOMINOKI

方尖塔型花架增添色彩的自然風庭園

雜木環抱、沿著方尖塔型花架攀爬綻放的蔓性玫瑰（圖右）。神奈川縣K宅、設計・施工＝ガーデン工房ふりーふ

引導鐵線蓮＆素馨葉白英攀爬上方尖塔型花架

前側的方尖塔型花架花壇中栽種鐵線蓮與素馨葉白英，下方搭配栽種雙色酢漿草，後側花壇混植三色菫、羽葉薰衣草等一年生草本植物。設計・施工＝（有）庭樹園

將蔓性＆木本玫瑰組合式栽種

引導蔓性玫瑰爬上方尖塔型花架，花架下方種植木本玫瑰。

淹沒方尖塔型花架的「玫瑰花塔」

生長極茂盛，幾乎淹沒方尖塔型花架的蔓性玫瑰。

組合運用攀藤架＆方尖塔型花架

組合方尖塔型花架（圖右）與攀藤架（圖左），引導植物攀爬，構成綠意盎然的空間。埼玉縣K宅、設計・施工＝PARMY

以成株高大的植物裝飾方尖塔型花架

設置高聳方尖塔型花架，周邊混種各色泡盛草。方尖塔型花架下方栽種素馨葉白英，中央栽種櫻桃鼠尾草，正面配置雪絨花，皆為成株高大的植物，未來性令人深深期待。

設計・施工＝（有）庭樹園

充滿立體感的居家小庭園④

格柵

格柵是引導蔓性玫瑰與蔓藤植物攀爬的設施。形狀無論格子狀、扇形都很常見，材質包含木材、金屬、塑膠等。以格柵引導植物攀爬，即可構成充滿立體感的花壇與植栽。

附有格柵的拱型花架營造立體感

木棧露台正面設置鍛鐵（Wrought iron）拱型花架。栽種鐵線蓮等蔓性植物，營造立體感。希望能坐在庭園座椅上欣賞。滋賀縣Y宅、設計・施工＝CPN

外形典雅細緻的鐵製格柵

牆邊設置鐵（Iron）製格柵。香草等匍匐性植物可沿著格柵攀爬。構成觀賞焦點。福岡縣H宅、設計・施工＝Ground工房

結合攀藤架＆格柵打造立體庭園

非突角形式的攀藤架，結合扇形木格柵，再吊掛盆花構成立體植栽盡情地欣賞。

設計・施工＝（有）庭樹園

營造英式庭園風情

以灰泥牆為背景，以格柵引導蔓性玫瑰攀爬，營造英式庭園風情。下方栽種鼠尾草、萬壽菊。

結合圍籬營造立體感

圍籬結合斜組格柵（Lattice），引導牽牛花攀爬營造立體感。神奈川縣K宅、設計・施工＝ガーデン工房ふりーふ

庭園露台前格柵

為欣賞綠意，在庭園露台前側設置格柵。設定高度時，希望引導玫瑰攀爬後，從露台方向也能夠欣賞。完工後就一直深深期盼著玫瑰花綻放。兵庫縣O宅、 設計・施工＝（株）HIMAWARI LIFE、格柵＝三協アルミ「汎用形材、網狀圍籬」

充滿立體感的居家小庭園⑤

牆壁・圍牆

當庭園空間不寬敞時，牆壁與圍牆都是裝飾植物的絕佳場所。在牆壁與圍牆設置裝飾用棚架作為花台，或是鑿開裝飾窗上擺放盆花或吊盆，善加利用空間，即能完成想盡情欣賞的立體感庭園。

裝飾窗吊掛盆花

灰泥牆設置圓形裝飾窗，吊掛盆花營造可愛氛圍。京都府N宅、設計・施工＝CPN

以風格清新的花台增添優雅時尚感

露台空間狹小，因此善加利用牆面完成立體庭園。風格獨特的花台擺放盆花或喜愛的庭園小物，趣味性十足。東京都K宅、設計・施工＝（株）CLOVER GARDEN

紅磚牆上的立體花園

與植物搭配絕佳的紅磚牆，設置棚架擺放盆花。裝飾窗中也擺盆花。福岡縣W宅、設計・施工＝Ground工房

灰泥牆面上整齊排列盆花

灰泥牆上安裝掛具，並排吊掛不同顏色的三色堇組合盆栽，增添活力感。左側裝飾窗前吊掛栽培箱，栽種三色堇，右側整齊排列吊掛塑膠盆植三色堇。使入口通道更加繽紛多彩。

擺放盆花的裝飾龕

灰泥牆的裝飾龕中擺放鈕釦藤盆栽。植株長大後枝條垂下意趣盎然。福岡縣M宅、設計・施工＝遊庭風流

以裝飾窗為花台

以灰泥影壁牆的裝飾窗為花台，擺放盆花增添華麗感。同時也成為大門周邊的觀賞焦點。福岡縣Y宅、設計・施工＝遊庭風流

充滿立體感的居家小庭園⑥

圍籬・木板圍牆

圍籬與木板圍牆是最適合吊掛盆花與吊盆的庭園設施。尤其是橫向設置木板構成的木圍籬與木板圍牆，木板之間縫隙就可以吊掛盆花或吊盆。縱向設置木板構成的木圍籬、木板圍牆、角柱等，利用掛鉤也能夠吊掛盆花與吊盆。

善加利用橫向木板構成的木圍籬

以橫向設置木板構成木圍籬，規律地配置七彩繽紛的草花盆栽，完成華麗耀眼的立體庭園。德島縣K宅、設計・施工＝（株）橘

橫向設置木板構成木圍籬營造普羅旺斯風情

高設木板圍牆，設置壁掛式盆花，普羅旺斯風情更加濃厚的空間。神奈川縣Y宅、設計・施工＝ガーデン工房ふりーふ

於橫向木製圍籬點綴上觀賞重點

橫向設置木板構成木圍籬，遮擋外來視線，再掛上吊盆，成為裝飾重點。吊盆裡栽種白色與粉紅色的秋海棠。愛知縣N宅設計・施工＝（株）IYODA外構

角柱上吊掛漂亮花卉盆栽

於木角柱上安裝掛鉤，吊掛花卉盆栽。以色彩繽紛的香堇菜，裝飾於玄關周邊更顯明亮耀眼。福岡縣T宅、設計・施工＝遊庭風流

美不勝收宛如綠籬的圍籬

橫向設置木板構成木圍籬，引導矮牽牛攀爬，植株茂盛生長宛如綠籬。由木棧露台方向眺望也賞心悅目。埼玉縣S宅、設計・施工＝（株）安行庭苑

享受採收（Harvest）樂趣的庭園

橫向設置木板構成木圍籬，引導葡萄、牽牛花攀爬。秋季時能盡情享受採果樂趣。神奈川縣T宅、設計・施工＝ガーデン工房ふりーふ、木圍籬＝TAKASHO「e-ウッドフェンス」

充滿立體感的居家小庭園⑦

吊盆

吊盆是栽種植物吊掛於屋簷下欣賞的容器。從椰子皮等天然素材，到堅固耐用的塑膠素材，吊盆材質豐富多元。在攀藤架、圍籬、牆壁等設施上掛上吊盆，整個空間顯得格外華麗繽紛。

攀藤架吊掛花卉植物吊盆

花團錦簇的玄關周邊景致。設置風格獨特的木製攀藤架，搭配Iron（鐵）製圍籬，吊掛花卉植物吊盆與盆花作為裝飾。
埼玉縣Y宅、設計・施工＝PARMY

繁花似錦的入口通道

入口通道兩側規劃植栽空間，設置拱型花架與擺放盆栽的花架，掛上花卉植物吊盆而更加繽紛多彩。
千葉縣F宅、設計・施工＝SPACE GARDENING（株）

停車空間增添焦點

停車空間的柱子上，吊掛花卉植物吊盆，營造華麗感。
岩手縣K宅、設計・施工＝（株）EXTERIOR MOMINOKI

典雅漂亮的置物設施

強化纖維樹脂（FRP）材質，外形典雅漂亮的置物設施。以專用金屬掛鉤，吊掛花卉植物吊盆與庭園裝飾。千葉縣K宅、設計・施工＝SPACE GARDENING（株）、置物設施＝DEA'S GARDEN「CANNA」

枕木吊掛花卉盆栽增添色彩

曲線狀灰泥牆旁設立枕木，吊掛盆花與吊盆作為裝飾。
岩手縣K宅、設計・施工＝（株）EXTERIOR MOMINOKI、壁材＝四国化成工業「pallet」

花團錦簇的庭園露台

淋漓盡致地活用空間，將牆面也成為庭園建造的一部分。花團錦簇的庭園露台。岡山縣M宅、設計・施工＝EXLIFE

華麗繽紛的日光室

吊掛日光室前，掛上栽種矮牽牛的吊盆。呈現充滿華麗氛圍。兵庫縣M宅、設計・施工＝（株）創園舍

善加利用影壁牆

鐵木（堅硬如鐵的木料）材質的影壁牆，雕鑿曲線為造型，以花卉盆栽與吊盆為裝飾。
千葉縣S宅、設計・施工＝SPACE GARDENING（株）

枕木＋吊盆

枕木角柱與擺放盆栽的花架，設置吊盆營造整體感。長野縣S宅、設計・施工＝（有）ISAAC DESIGN

美化遮蔽 影響景觀的設施

建築物的基礎（土台）、水電、瓦斯設備測量儀表等影響景觀，不想被看到的地方，稍微花點心思與創意構想，就能夠輕易地遮擋隱藏。其次，鋪設紅磚與天然石材等異材質無法完全融合部分，可栽種植物適度地遮擋。以植物為緩衝素材，環境就顯得更加柔和美觀。

以地被植物遮蔽建物基礎

栽種地被植物，自然地遮擋建築物基礎。左起栽種鈕釦藤、五色南天竹、仙客來、蔓長春花等植物。大阪府S、設計・施工＝HANWA HOME'S（株）

以玻璃角柱＆植栽遮擋建築物基礎

設立玻璃角柱構成「引人矚目」的空間。相鄰位置栽種植物，營造柔美氛圍。栽種金線花柏、五色南天竹、湖北十大功勞等植物。兵庫縣K宅、設計・施工＝（株）HIMAWARI LIFE

門柱襯托花草甜美生氣

栽種三色堇、紫唇花、仙客來、小手毬、衛矛等植物美化門柱下部。福岡縣M宅、設計・施工＝GROUND工房

以裝飾牆＆植栽修飾不美觀設施

建築物正面設置花壇，以裝飾牆與植栽打造街區風庭園。福岡縣K宅、設計・施工＝GROUND工房、姓氏名牌＝DEA'S GARDEN「ディースサイン 鋳物コレクション」

以漂亮植栽裝飾屋外門牆下部

門牆、天然石材構成的庭園座椅下部，規劃植栽空間。栽種藍莓、金橘、鴨舌癀等植物。埼玉縣K宅、設計・施工＝（株）安行庭苑、天然石材＝三樂「侘石樺茶」

以喬木＆灌木遮擋建築物基礎

栽種光臘樹、山茱萸等喬木與灌木類植物，遮蔽屋外基礎設施，並以木角柱融合整體風格。兵庫縣I宅、設計・施工＝（株）HIMAWARI LIFE

建造雅石庭園遮擋建築物基礎

以植物與石材打造雅石庭園，遮擋建築物基礎部分外露的混凝土結構。栃木縣H宅、設計・施工＝EXTERIOR GARDEN Taka9

以景天屬植物作為緩衝材

不規則鋪貼天然石材的入口通道階梯。階梯下方的石材轉角接縫處栽種景天屬植物，營造柔美氛圍。京都府N宅、設計・施工＝CPN

栽種針葉樹遮擋建築物基礎

栽種松樹（針葉樹）自然地遮擋建築物基礎。最前方栽種玉龍草遮擋石牆與天然石材的接縫處。埼玉縣H宅、設計・施工＝（株）安行庭苑、天然石材＝三楽「アルデンヌウォーリング」

以枕木＆松樹修飾建物基礎

以枕木、松樹、草花自然地遮擋混凝土門牆的基礎部分。栃木縣K宅、設計・施工＝EXTERIOR・GARDEN Taka9

栽種蔓性植物美化擋土設施

不希望外露的擋土牆，拉上網子，引導蔓性植物攀爬。蔓性植物欣欣向榮地生長，覆蓋整面擋土牆。
神奈川縣I宅、設計・施工＝ガーデン工房ふりーふ

配合建築物以植物自然地遮擋

配合優雅時尚的日式建築風格，栽種富貴草，自然地遮擋、美化建築物基礎。岐阜縣S宅、設計・施工＝direct和

享受花×草配置樂趣的組合盆栽

版面設計＝紫垣和江（P.120至P.131）

Part 1 以木製栽培箱完成自然風組合盆栽

充滿初夏風情，以清新優雅的藍色花與白色花，形成鮮明色彩對比。春季栽種之後用心栽培，能夠一直欣賞到秋季。目標夏季，自我挑戰，以栽培箱完成清新配色的組合盆栽。

●●●工具＆材料●●●

矮牽牛 藍紫色

矮牽牛 白色

常春藤

培養土

盆底石

盆底網

移植鏟、園藝剪刀、土鏟

DATA

製作時間＝約1小時
花店購買＝約6,500日圓
DIY材料費＝約3,500日圓

木桶型燒杉栽培箱
長50×深28×高40cm

〈必備用品〉
材料＝培養土10L、盆底石2L、盆底網、矮牽牛：藍紫色2盆・白色3盆、常春藤1盆、木桶型燒杉※栽培箱1個。
工具＝手套、移植鏟、園藝剪刀、土鏟。
※燒杉＝經過表面碳化處理以提昇耐用度、防腐、防蟲效果的杉木板。

※本書內容P.120至P.131取自雜誌Boutique Mook No.644「手作りガーデン総集編」P.110至P.121內容重新編輯後刊載。

組合盆栽的方法

1 木桶型燒杉栽培箱與準備組合成盆栽的盆苗。暫時配置（Layout）盆苗，協調整體結構。

2 裁剪略大於盆底孔的盆底網，將盆底孔覆蓋住。

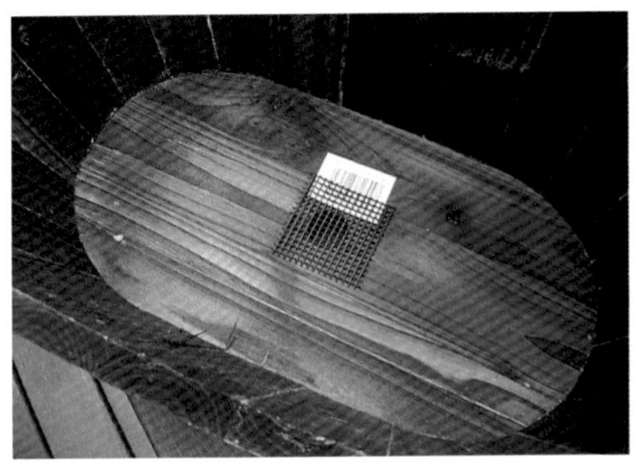

3 如上圖，可防止盆土流失與害蟲入侵的作用。

4 將盆底石鏟入栽培箱中，固定盆底網位置。

5 鏟入的盆底石，至栽培箱深度約1/4處後鋪平。

6 接著倒入培養土，至栽培箱深度約1/2處（配合花苗高度）。

7 將培養土鋪平。

8 從育苗盆中取出白色矮牽牛的花苗。

9 以手微微地撥鬆花苗表面的土壤。

10 由栽培箱中心開始依序栽種花苗，彙整協調整體美感。一邊鬆開根部、一邊種入苗株之後，輕輕地按壓土壤。

11 摘除枯黃葉片。

12 從盆中取出花苗後，如上圖，根系底部呈現糾結盤繞狀態時，以手輕輕地將包覆根系的土壤稍微鬆動。

組合盆栽的方法

13 鬆開糾結盤繞的花苗根部，將白色的根剝離土壤。

14 鬆開根部後並適度地修剪。

15 將花苗根部稍微展開後種入栽培箱中。

16 栽種花苗過程中隨時確認狀態。

17 一邊觀察、協調狀態，以相同方式依序種入花苗。

18 由育苗盆取出常春藤苗株，撥開根盆，分成兩部分。

19 常春藤體質強健、生長速度快，育苗盆裡通常組合栽種好幾株，因此可分株種入栽培箱。

20 常春藤分成兩部分後，種入木桶型栽培箱的兩端。

21 栽種常春藤苗株時，讓枝條可垂掛在栽培箱邊緣。

22 種入所有苗株後，填入土壤，填補苗株之間的空隙。

23 鏟入土壤時，避免壓到花與葉。

24 鏟入土壤填補空隙過程中，拿起栽培箱，由高度約10cm往檯面上輕敲數次，促使土壤確實地填滿空隙。

25 儘量避免澆到花與葉，充分地澆水。

26 澆水至水由盆底嘩啦啦地流出水為止。

27 澆水後靜待片刻讓土壤下沉，觀察情況並少量多次補充土壤。最後輕輕地按壓固定土壤即完成。

◆ ◆木製栽培箱的用法◆ ◆

如此實例，市面上可買到各種類型的木製栽培箱，如：木桶型、吊掛式、原木製品等。木製品易受損，不少人因此敬而遠之。但相較於一般花盆，木製栽培箱是天然素材，感覺溫暖、充滿獨特意趣，透氣性佳，植物種在木製栽培箱裡應該會很高興！請一定要試試看。木製品用法因人而異，有人會多花心思，栽培箱內部會鋪上塑膠布等，但若考量及透氣性與排水性等，直接裝入土壤，讓植物自由地生長才是聰明的用法。木製栽培箱與植物是最自然美觀＆實用的組合。

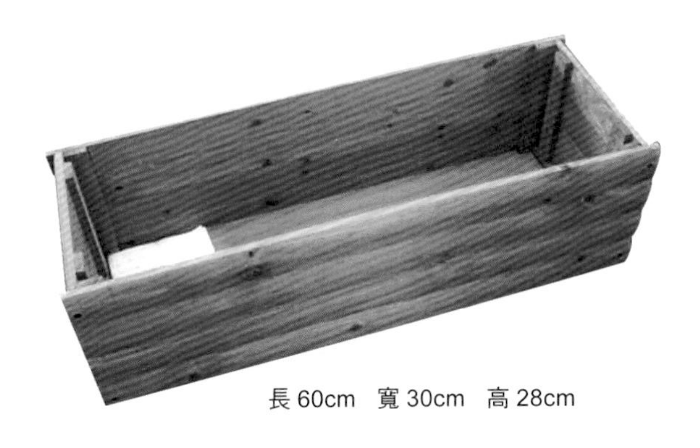

長 60cm　寬 30cm　高 28cm

以無垢材組合而成的原木風栽培箱

長 40cm　寬 20cm　高 20cm

以一片集成材組合成堅固耐用的栽培箱

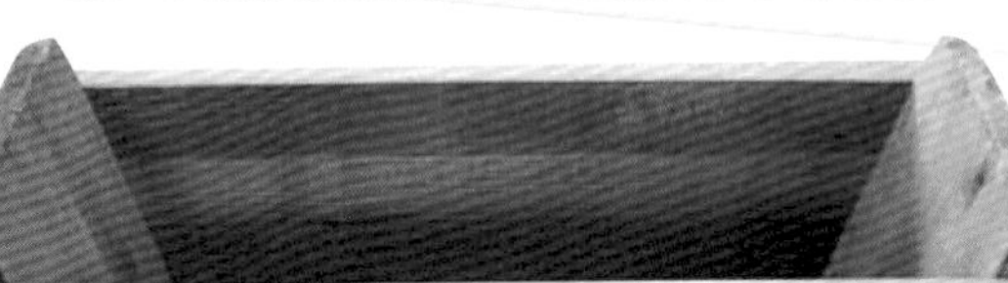

Part 2 典雅素燒陶盆組合盆栽

小巧可愛的素燒陶盆組合盆栽。照射陽光下藍色雛菊更加地耀眼燦爛。鈕釦藤與香雪球旺盛生長而溢出盆外，可愛卻份量感十足的組合盆栽。細心地維護管理，期待隔年再度開花。

●●●工具 & 材料●●●

藍色雛菊

鈕釦藤

香雪球

培養土

盆底網

盆底石

移植鏟、園藝剪刀、土鏟

DATA

製作時間＝約 30 分鐘
花店購買＝約 3,500 日圓
DIY 材料費＝約 1,500 日圓

素燒陶盆

直徑 20cm × 深 20cm × 35cm

〈必備用品〉

材料＝培養土10L、盆底石2L、盆底網、藍色雛菊1盆、香雪球1盆、鈕釦藤1盆、素燒陶盆1個。

工具＝手套、移植鏟、園藝剪刀、土鏟。

組合盆栽的方法

1 將盆苗並排試著配置。依序栽種植株高挑、匍匐生長等不同形狀的植物，構成協調、漂亮的組合盆栽。

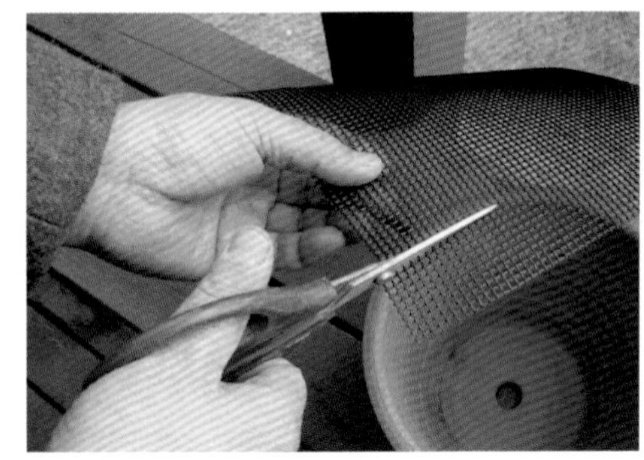

2 裁剪略大於盆底孔的盆底網。

3 以盆底網覆蓋住盆底孔的狀態，具有防止土壤流失與害蟲入侵的作用。

4 將蓋盆底網放入後，鏟入盆底石，至素燒陶盆深度約1/4處。

5 接著鏟入培養土。

6 鏟入大約一個育苗盆容量的培養土。

7 先栽種植株最高挑的藍色雛菊。一邊固定植株基部，一邊取下育苗盆。

8 當植株已布滿細根時，以園藝剪刀等工具稍微鬆開根部後，再輕輕地撥去已硬化的土壤表面。

9 將植株依序種入素燒陶盆中。稍微展開植株根部種入土中，留意植株生長方向，將植株配置在素燒陶盆後側。

10 植株種入素燒陶盆之後，輕輕地壓實固定。

11 以相同方式栽種香雪球植株，一邊固定住植株基部，一邊取下由育苗盆。香雪球根部比較脆弱，請小心地取出植株。

12 輕輕地撥掉植株的表面土壤。摘除枯黃葉片，枯葉若不處理，容易導致植株太悶熱或產生黴菌。

組合盆栽的作法

13 將香雪球植株種在素燒陶盆的左前側。

14 一邊以土壤調節高度，一邊依序栽種植株。

15 最後栽種鈕釦藤，讓枝條垂掛於素燒陶盆前側。如同先前作法，取出苗株，撥掉植株的表面土壤。

16 根部糾結盤繞時，毫不留情地修剪。鈕釦藤旺盛生長，動作稍微粗魯一點也無妨。

17 栽種鈕釦藤後，讓枝條垂掛於素燒陶盆右前側。

18 種入所有植株後，避開花與葉，依序補充土壤。

19 栽種植株後，拿起素燒陶盆，由高度約10cm往檯面上輕敲數次，促使土壤填滿空隙。此時，以免洗筷戳實土壤亦可，但須避免戳傷根部與葉片。

20 最後充分澆水就完成了。儘量避免澆到花與葉。充分澆水至水由盆底嘩啦啦流出水為止。

澆水的基本原則

不只於組合盆栽實例，栽培盆栽時都必須遵守「澆水時充分地澆水！」的基本原則。每天少量多次地澆水，對植物而言是最痛苦的。原因在於，若每天少量地澆水，土壤中雜質無法排出，全部都積存在花盆裡。嚴重時，還可能導致盆土呈現在缺氧狀態。因此除非是炎熱夏季，植物不需要每天都澆水。而且澆水時應避免淋到花與葉，必須確實地澆水至水由盆底嘩啦啦地流出水為止，充分地澆水就能夠沖掉土壤中雜質，同時能夠充分地補給氧氣，這就是植物最喜愛的澆水方式。

◆ ◆在各種場合都有精采表現的素燒陶盆組合盆栽◆ ◆

小巧可愛的盆栽，擺放場所或角度不同，整體意象就顯得很不一樣，
適合裝飾各種場合，增添優雅意趣。

小椅凳成為組合盆栽精采演出的舞台。

花朵爭相綻放的小巧盆栽。

裝飾居家小角落。
擺在鐵製架上也OK。

擺在枕木作成的庭園照明上，充滿溫馨氛圍。

茂盛生長的常春藤溫柔地呵護草花。

Part 3 將庭園裝飾得更加華麗繽紛的吊掛式組合盆栽

生氣蓬勃的維生素色（鮮豔明亮橘色系）吊掛式組合盆栽！以最具夏季代表性的金蓮花、矮牽牛，完成輕盈飄逸的吊掛式組合盆栽。欣賞、食用兩相宜。金蓮花的花與葉散發芥末般辛辣味道，是製作蔬菜沙拉等料理的絕佳食材。

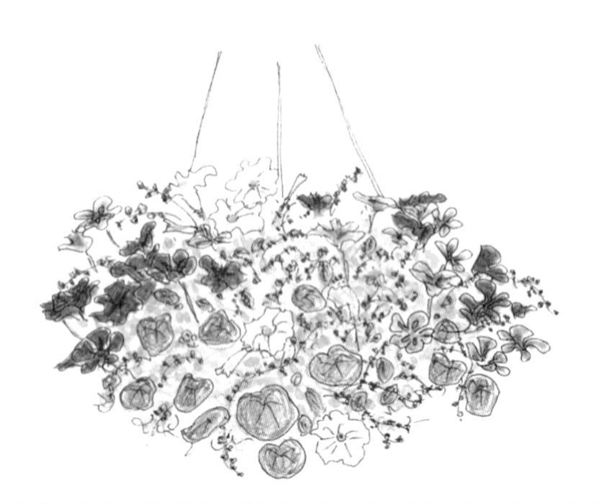

●●●工具 & 材料●●●

金蓮花 黃色

鈕釦藤

土丁桂

金蓮花 橘色

雪花蔓

薜荔

矮牽牛 白色

蠟菊

吊盆用培養土

盆底石

DATA

製作時間＝約1.5小時
花店購買＝約9,800日圓
DIY材料費＝約4,500日圓

塑膠製吊盆
價格：約2,500日圓

〈必備用品〉

材料＝吊盆用培養土15L、盆底石0.5L、金蓮花黃色3盆、金蓮花橘色3盆、矮牽牛白色1盆、鈕釦藤1盆、雪花蔓1盆、蠟菊1盆、土丁桂1盆、薜荔1盆、塑膠製吊盆1個。
工具＝手套、移植鏟、園藝剪刀、土鏟。

吊掛式組合盆栽的方法

1 準備盆身有縫隙（Slit），初學者使用也得心應手的塑膠製吊盆。

2 暫時取下盆口的箍環，完成前置作業。

3 剪開附屬海綿，撕掉海綿黏貼面的背紙，黏貼於吊盆內側。

4 由盆口（最後套上箍環）下方選擇適當位置，依序黏貼海綿。

5 將縫隙依序黏貼海綿後的狀態。

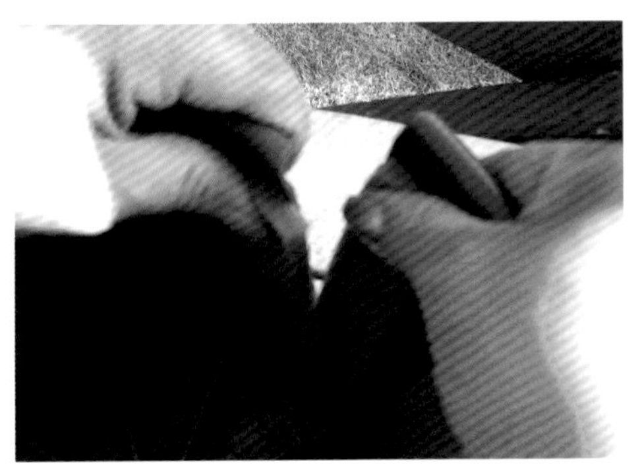

6 雙手分別捏住縫隙兩側的盆口部位，一手往前、一手往後，撕開海綿的上部。

7 將盆底石鏟入，至花盆深度約5cm處後鋪平。

8 將盆底石鋪平後狀態。

9 使用質地輕盈的吊盆用培養土以減輕重量。

10 鏟入培養土至縫隙孔洞下緣位置後鋪平。

11 由育苗盆取出金蓮花的花苗，鬆開略微硬化的根部土壤，依序放入吊盆中較小的縫隙中。

12 如圖，一邊拉開塑膠盆的一部分，一邊放入花苗，更容易完成栽種作業。

吊掛式組合盆栽的方法

13 避免折損到花苗頭部，並依序種入花苗，同時協調美感。

14 花苗之間栽種薜荔、蠟菊等植物。

15 橘色、黃色、白色的花苗之間，栽種薜荔、蠟菊等充滿葉色之美的植物。

16 栽種花苗時，一邊心想著協調完成漂亮的組合盆栽。

17 處理像雪花蔓等花苗，根系呈現盤根錯節狀態時，請大膽地修剪根系，一邊鬆開根土、一邊種入縫隙中。

18 一手固定苗株基部，依序種入縫隙。

19 所有縫隙都種入苗株後狀態。

20 組合盆栽容易形成空隙，需補土使植物穩固。

21 套入先前取下的盆口箍環。

22 完成吊盆周圍栽種作業之後，接著栽種吊盆上部的苗株。

23 正中央栽種白色矮牽牛。

24 將鈕釦藤拆成兩部分後依序栽種。

吊掛式組合盆栽的方法

25 將土丁桂也分成兩部分。

26 種入土丁桂。

27 栽種後補充土壤，並充分地澆水。

28 澆水至盆底嘩啦啦地出水為止！吊盆用栽培土質地輕盈，第一次澆水時容易浮起，請分多次充分地澆水。

29 安裝吊盆附屬的吊掛用鐵線。

30 盆身設有3個吊掛用孔洞，將鐵線穿過該孔洞。

31 將鐵線穿過孔洞之後反摺，再以鐵線上的套環套住鐵線。3個孔洞分別穿過鐵線後，以套環固定即完成！

32 完成後苗株都垂著頭也沒關係。過幾天後就會昂起頭來爭相綻放。

33 剛種入花盆時，苗株都垂著頭，讓人好擔心。放心吧！栽種2星期後，花草們就會昂起頭來，欣欣向榮地生長。

◆盡情地享受吊掛式組合盆栽的製作樂趣◆

以粉紅色與白色草花為主的吊掛式組合盆栽。此盆栽同樣使用塑膠製吊盆。

不同於盆植方式，吊掛式組合盆栽可直接吊掛或掛在圍籬上，欣賞方式更加豐富多元。本單元是選用盆身附有縫隙的塑膠製吊盆，介紹適合初學者嘗試製作的吊掛式組合盆栽，想不想也以鐵線或鐵作成的花盆，搭配水苔、椰纖片等，更廣泛地嘗試製作呢？若使用盆身無縫隙的吊盆時，搭配椰纖片並以剪刀剪上十字形切口，再以相同作法栽培植物，即可構成植物蓬勃生長的吊掛式球狀組合盆栽。

自我挑戰・親手打造小花園

展開居家庭園建造前～必要知識～

版面設計＝
紫垣和江（P.132至P.161）

擬定庭園建造計畫

打造優雅舒適庭園必須花很長的時間醞釀籌劃。植物也需要悉心呵護栽培。庭園建造不是一朝一夕就能夠完成，因此擬定庭園建造計畫至為重要。為了打造心目中的理想庭園，必須充分地考量庭園建造地點的條件，確認花壇與庭園露台的位置。了解打造室外結構（Exterior）與庭園的目的、優先順序等，非常慎重地研擬建造計畫。希望打造充滿輕鬆休閒氛圍的庭園，但擬定的卻是從道路上就能將庭園看得一清二楚的建造計畫，那麼，完成的庭園就與輕鬆休閒背道而馳了。希望打造帶狀花壇，擬定計畫卻是朝向北側設置花壇，那就必須面對日照不足的惱人問題。賞心悅目、輕鬆休閒、享受栽培樂趣的庭園，你心目中的理想庭園是哪一種呢？擬定周延的庭園建造計畫，就能夠廣泛地打造各種型態的庭園。重點是，一開始就必須充分地考量庭園的整體樣貌。

▲ 先決定打造庭園的目的，是希望享受栽植樂趣呢？還是待在庭園裡享受輕鬆悠閒的美好時光呢？

繪製草圖

即便畫得很潦草也沒關係，將腦海中的庭園意象畫在紙上吧！因為接下來就要以DIY方式，打造庭園中最核心的部分，最核心部分通常不會輕易地移動，因此決定位置時必須格外地慎重。庭園必須是整體居家空間視野的延伸。考量連結方式也是至為重大的要素之一。此外，正確地決定窗戶方向的觀賞焦點（Focal point），完成的庭園就會有最亮眼的表現。

▲ 植栽意象圖描畫實例。

▲ 先憑想像畫出庭園意象圖。

※本書中P.132至P.133為Boutique Mook No.644「手作りガーデン総集編」P.8至P.9重新編輯後刊載內容。

將庭園建造工作分為「委託專業」&「自我挑戰」

▲ 沙礫鋪面等簡單作業可DIY自己動手完成。

▲ 疊砌磚牆等必須符合安全性部分，委託專業人員完成。

對於庭園建造有一個大致概念了吧！庭園建造是一項十分耗費體力的工作。請將庭園建造工作分為委託專業與自我挑戰這兩大部分吧！過去，室外設計與庭園建造作業幾乎都是委託專業職人完成，近年來，一邊自我挑戰完成計畫，一邊享受庭園建造樂趣的人越來越多。不如將必須符合安全性與正確性部分委託專業人員完成，難得有親手打造庭園的機會，想不想勞動一下，自己也來試試看呢？使用方便、能夠輕易地施工完成作業的工具與材料陸續開發，請試試自我挑戰看看。烤肉爐、花壇、入口通道等…，稍微花點心思就能夠完成的設施非常多。親自完成設施後，喜悅心情將大大地提昇喔。

庭園建造的成果，因挑選材料方式而大不同

▲ 鋪貼石材的入口通道（左圖），與沙礫鋪面的入口通道。由於鋪面材料不同，整體風格與意象大異其趣。

庭園建造使用的材料廣泛包括木料、紅磚、天然石材、混凝土製品、鋼鐵製品、鋁製品等。材料的挑選與組合運用方式不一樣，打造的庭園風格與整體意象就截然不同。挑選材料時必須格外用心地確認。

享受DIY樂趣&打造充滿回憶的庭園

◀ ▲ 沙礫鋪面的庭園露台（上圖）與紅磚造立式水栓（左圖）。家人們攜手完成，心中更加地充滿著成就感。

疊砌紅磚、鋪貼石材、設置木棧露台等，任何一項庭園建造作業，委由專業人員完成，當然都可以作得很漂亮。但家人們一邊享受著庭園建造樂趣，一邊攜手完成庭園設施，卻可享受到委託專業人員所無法得到的成就感。家人們攜手打造充滿回憶的庭園，絕對勝過委託專家打造的漂亮庭園，你要不要也來試試看呢？

水平＆垂直的測量方法

鋪設、疊砌紅磚，無論展開哪一項作業，都必須確認水平與垂直。先從最基本的水平儀使用方法開始學習吧！

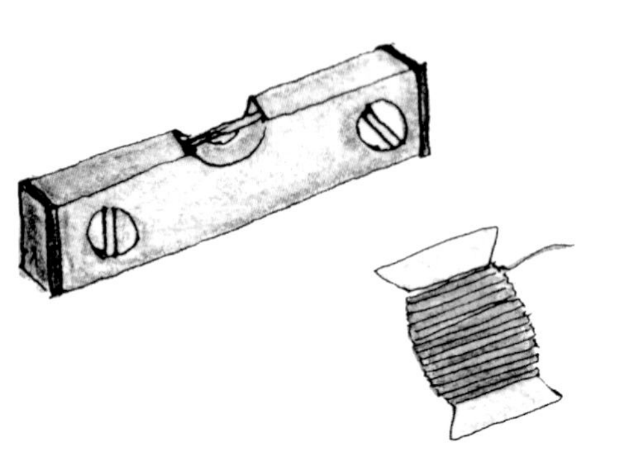

〈必備用品〉

水平儀或水平筒、水管、水線、鉛筆。

▲ 以水平儀測量紅磚造花壇的水平情形。

庭園的建造要點

測量垂直時，依圖示擺放水平儀。

水平儀是最常見的水平測量工具

拉水線後測量水平時使用水平儀，透過氣泡確認水平、垂直。長約40cm的水平儀使用最方便。園藝用品賣場就能買到。由氣泡位置就能夠確認水平。

水平筒是最正確的水平測量工具

最近越來越少見的水平筒。水平儀問世前，都是以水平筒確認水平。水平筒測量的水平最正確。但水平儀測得數據也相當正確。

水平筒。使用時搭配水管。

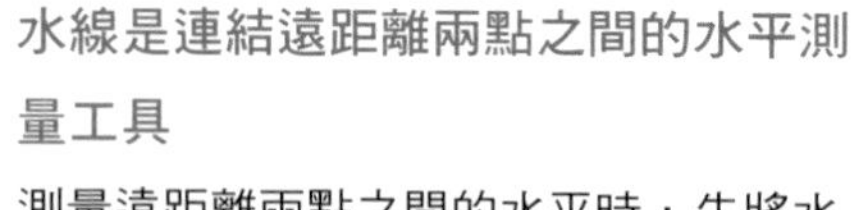

水線是連結遠距離兩點之間的水平測量工具

測量遠距離兩點之間的水平時，先將水線綁在支柱上，再以水平儀確認水平。水的意思就是水平。

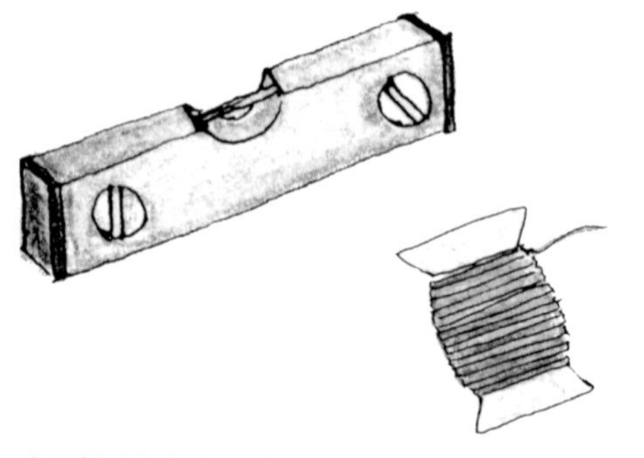

水平儀（左）與水線（右）。測量遠距離2點的水平時，使用水平儀與水線。

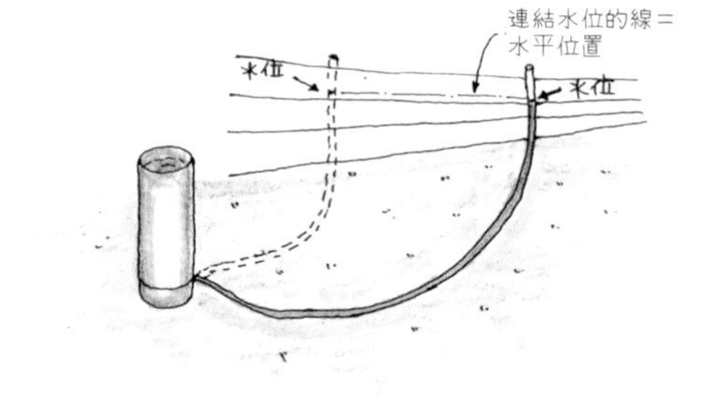

2個測量點的水高度（水位）連結線就是水平位置。

※本書中P.134至P.135為Boutique Mook No.644「手作りガーデン総集編」P.16至P.17重新編輯後刊載內容。

水平儀的使用方法

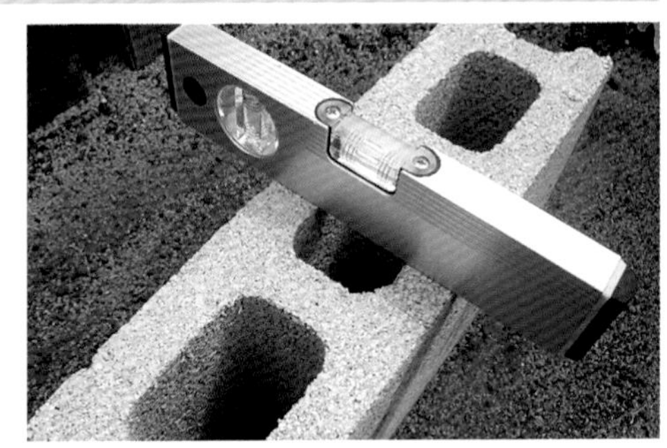

1 將水平儀擺放在構築設施的物體上。

2 將水平儀擺放在構築設施的物體上，分別以縱向、橫向、斜向等，觀察玻璃管內氣泡位置。

3 以塑膠槌等工具輕敲構築設施物體，調整至水平儀的氣泡停在玻璃管中央為止。圖為橫向側面觀察氣泡的狀態。

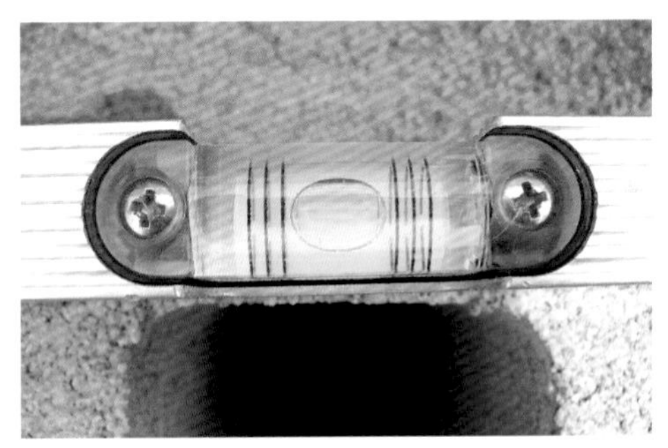

4 圖為俯瞰時氣泡的狀態。確認氣泡確實位於玻璃管中央。氣泡位於玻璃管中央即表示構築設施的物體呈水平狀態。

5 以相同方法測量縱方向，縱向擺放水平儀，確認氣泡位置。

6 將水平儀分別以縱向、橫向擺放，確認氣泡位於中央，測出構築設施的物體確實呈水平、垂直狀態。

水平筒的使用方法

1 準備水平筒與透明水管。

2 將清水注入水平筒。

3 注入清水至透明水管內的空氣完全排出為止。水管內若殘留空氣就無法確實地測出水平，因此必須注入清水至水管內氣泡完全排出，才可用於測量水平。

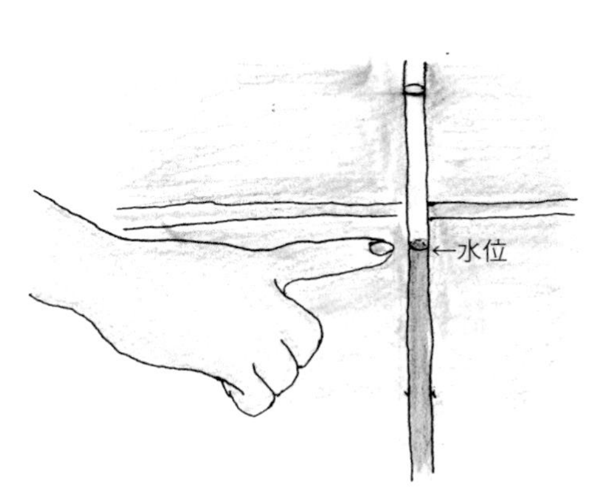

4 固定水平筒、拉直水管、拉高水管尾端。靜候至水位安定為止。

5 水位安定後於該位置作記號。水平筒固定不動，移動水管至相同位置後作記號。連結記號為一直線，該直線即是水平位置。

整地

整地的意思為整平地面。無論鋪植草皮或鋪設紅磚，整地都是首要工作。尤其是新建住宅，土壤裡通常都會埋著建築過程中留下的瓦礫等雜物。整地前必須將雜草、瓦礫等雜物清除乾淨，處理成空地狀態，作法非常簡單，這就是庭園建造的起點，就從這裡出發，打造夢想中的庭園吧！

※本書P.136為Boutique Mook No.644「手作りガーデン総集編」P.11重新編輯後刊載內容。

〈必備用品〉
鋤頭、鐵耙、手套、移植鏟。

▲ 整地後狀態。即是庭園建造的起點。

整地的方法

1 整地前狀態。

2 清除雜草與垃圾等雜物。

3 將雜草以鋤頭連草根一起清除。

4 翻耕土壤深約5cm，出現石塊與沙礫時立即清除。

5 盡量將草根與小石塊撿拾清除。

6 完成整地作業。

建造草坪庭園

夢想中的草坪庭園。孩子們赤著雙腳在軟綿綿的草坪上奔跑玩耍。多花些心思與時間，從打基礎開始，確實地完成每一個步驟，建造草坪庭園絕對不是夢想。家人們同心協力地完成軟綿綿的草坪庭園吧！

DATA

施工面積＝約 1 坪
施工時間＝約 1 日（不含施撒石灰後的維護保養期間）
委託專業費用＝約 3 萬日圓
DIY 材料費＝約 1.2 萬日圓

〈必備用品〉

材料＝草皮2捆、草皮用覆土30kg、基肥（草木灰、油粕、骨粉各適量。石灰200至300g）。
工具＝圓鍬、鐵耙、移植鏟、手套、園藝剪刀、美工刀、網篩、木片。

▲ 剛完成草皮鋪植作業的庭園樣貌。草皮長成後就會呈現出軟綿綿的草坪庭園景象。

庭園的建造要點

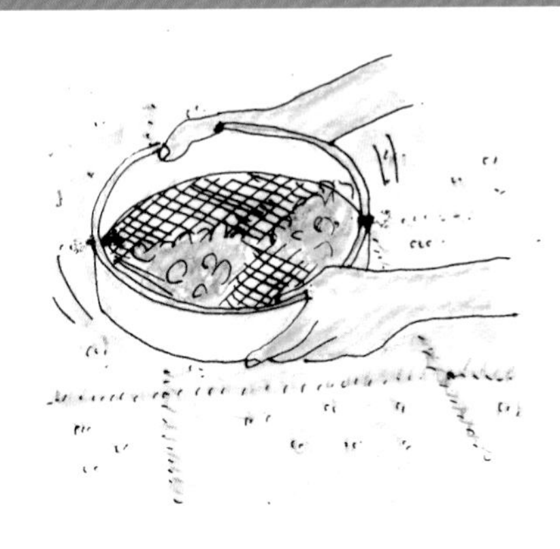

鋪植草皮後，以網篩均勻地撒上草皮用覆土。

預留縫隙的鋪植形式

鋪植草皮大致可分為全面鋪植、預留縫隙、鋪成棋盤狀等形式。鋪植形式不同，草皮的使用量、建設草坪庭園所需的時間也不一樣。其中預留縫隙、全面鋪植草皮這兩種方式較推薦初學者採用。

鋪植草皮方法十分簡單

建造草坪庭園的方法可大致分成播種與鋪植草皮兩種方式。本單元介紹的是作法比較簡單，鋪植草皮就能夠完成草坪庭園的方法。草皮通常是整捆販售，1捆草坪約可鋪植0.5坪。假設鋪植面積為3坪，那麼，以施工面積（坪）÷ 0.5＝6捆，就能夠算出草皮的使用數量。

鋪植草皮的基礎建造十分重要

鋪植草皮時，最重要的是基礎建造。必須挖掘土壤至相當深度，再將小石塊與沙礫清除乾淨。鋪植草皮時，用地十分平坦，幾年後卻變得凹凸不平，這種情形極為常見。重點是必須確實地作好鋪植草皮的基礎建造。

草皮養護

鋪植草皮後，應避免立即走上草坪、或踩踏草坪，需確實作好草皮養護管理工作。新植草皮養護至少維持2星期以上，需至土壤完全落實固化為止。

草皮是靠地下走莖（Runner）匍匐生長，必須視情況需要進行區隔，以免過度蔓延。圖中以排列紅磚以區隔草皮。

完成區隔部分。如此一來，草皮就不會過度蔓延生長。

草坪庭園的建設方法

1 決定鋪植草皮的地點，清除垃圾與雜草等雜物。整地方法請參閱P.128。

2 清除雜草之後的狀態。

3 挖掘土壤深約5cm，挖出小石塊與沙礫後儘量清除乾淨，清除後挖鬆土壤。

4 添加油粕、草木灰、骨粉等作為基肥。挖掘土壤深約15cm後並混合均勻。最後撒入石灰，靜置4至5天。

5 充分地將肥料混入土壤中。

6 混入肥料後，以木片等工具將土壤整平。

7 準備草皮。

8 決定鋪植第一片草皮的位置，以手按壓草皮並依序鋪植。

9 此範例將草皮以預留縫隙形式鋪植。草皮間以3至4cm間隔依序排。

※本書P.136至P.139為Boutique Mook No.644「手作りガーデン総集編」P.52至P.54重新編輯後刊載內容。

10 需要小範圍的草皮時，可以美工刀或園藝剪刀裁切。

11 完成鋪植草皮作業。

12 先從草皮的預留縫隙處開始，依序撒入草皮用覆土。

13 整平覆土。以木板水平來回移動，使覆土均勻地分布於草皮上。避免草皮之間形成高低差。

14 覆土均勻分布於草皮表面後，充分地澆水。

15 澆水後狀態。覆土均勻地分布，草皮密集地生長，軟綿綿草坪庭園大功告成。

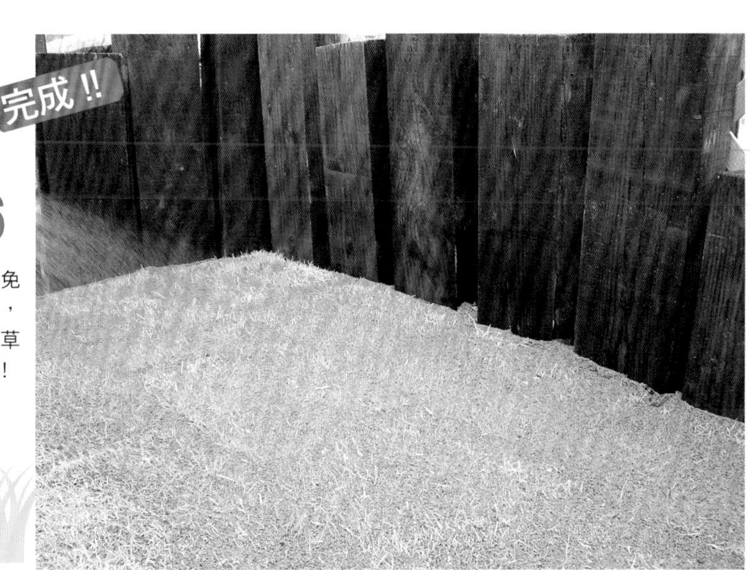

16

完成！在土壤穩定、草皮確實地生長前避免任意踩踏。草皮扎根前若出現凹陷部分時，將草皮挖起、先補充土壤後，再次鋪上草皮。最後澆水步驟時，水量必須十分充足！

以造景磚建造花壇

不管空間多麼地狹小，只要庭園裡能夠找到栽種植物的地方，或想採用地植方式，希望花草能夠在良好的環境中生長。懷著這種想法的人，不妨以造景磚（外形美觀專用於建設花壇的磚塊）建設花壇。看起來好像很困難，事實上，以造景磚圍邊組合成花壇邊框，再以組合盆栽要領種入植物，就能夠完成賞心悅目的花壇。

■造景磚
混凝土磚種類之一，表面經過著色、塗裝、研磨、削切等加工處理，充滿創意巧思的磚塊。

〈必備用品〉

造景磚、圓鍬、移植鏟、手套、園藝剪刀、強化塑膠被覆鐵線。

※居家用品賣場或園藝店就能購買到各種類型的造景磚。以紅磚、木料、大小石塊等素材發揮創意構成花壇亦可。

〈準備花苗〉

銀葉菊 1盆、銀葉情人菊1盆（盆植）、菊花（North Pole）11盆、三色堇（紫色）9盆、三色堇（黃色）7盆、紫羅蘭 3盆、磯菊 3盆、野芝麻10盆。

※以上花期皆為初春至初夏期間，體質強健、容易栽培的草花，很推薦栽種。

造景磚花壇的建設方法

1 利用綠籬前方約200×100cm的空間建設花壇。隨處可見落葉、雜草、石塊等雜物的空間，只需發揮巧思，搖身一變成為優雅舒適的庭園。

2 將預計建造花壇的空間整理乾淨。拔除植物（銀葉菊），清除周圍的小石塊、雜草、舊有的造景石材。

3 清除多餘的植物之後，挖掘土壤並充分翻耕。

造景磚花壇的建造方法

4 花壇邊框用造景磚。將這些磚塊組合排列即可打造花壇。

5 配合預計建設的花壇大小，將造景磚逐層排列、依序組合，並盡可能減少磚間的空隙。

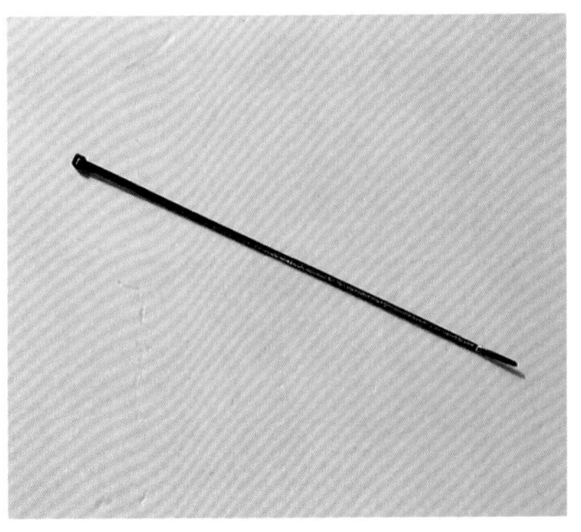

6 強化塑膠被覆鐵線。利用這款鐵線繫綁固定造景磚。

7 將鐵線穿過造景磚的孔洞，扭緊鐵線並確實綁緊固定，減少造景磚之間的空隙，完成的花壇也更加牢固。

8 將造景磚所圍繞區域內的土壤，以毛刷等工具整平。

9 將造景磚依序組合後，並確實地綁緊以避免垮掉。花壇邊框完成。

10 完成邊框之後倒入一袋腐葉土。使用腐葉土能大大地提昇花壇的排水、保水效果。

11 倒入園藝用培養土。

12 倒入腐葉土與培養土後，接著倒入化學肥料混合均勻，完成基肥。

13 以小木片等工具整平土壤表面。

14 完成花壇。再依序種入喜愛的植物。

15 根據植栽要點，從花壇角落開始栽種苗株，首先栽種植株高挑的銀葉菊，由育苗盆取出苗株後，並將植株根部微微鬆開後種入土中。

16 以相同方法由育苗盆取出銀葉情人菊，並鬆開根部。

17 栽種銀葉菊之後，將銀葉情人菊種在另一側角落。根盆（根部與周邊土壤）較大的情況時，需先挖掘足夠深度的植栽孔，再栽種植物。

18 將菊花（North Pole）與紫色三色堇，擺在銀葉菊與銀葉情人菊之間，思考配置（Layout）方式。

19 擺放黃色三色堇、紫羅蘭、磯菊、野芝麻時樣貌。一邊考量整體協調美感，一邊擺放盆苗，決定配置方式。

20 確定配置方式之後，將苗株依序種在所擺放的位置。

21 栽種紫羅蘭。參考圖中此作法，於正中央一帶栽種色彩鮮豔的花苗，即可構成充滿協調美感的植栽，再於植株基部附近栽種幾株低矮野芝麻作為點綴。

22 苗株大致栽種完成之後，再疊砌最上層磚塊，完成花壇。於磚塊上塗抹混凝土用接著劑或水泥。

23 避免磚塊錯開位置，將最上層磚塊疊在塗抹水泥的磚塊上。

24 疊砌磚塊後樣貌。疊砌最上層磚塊可避免土壤溢出花壇。

25 苗株之間依序添加培養土。

26 不僅花壇表面，也避免土壤中出現空隙，可以手指戳動土壤確認，若發現土壤下陷，適度地追加土壤。

27 以掃把等工具撢去在磚塊表面的土壤。

28 完成造景磚花壇。充分地澆水後即完成。相較於盆栽，花壇等地植部分可減少澆水次數。

花壇完成後曾經改種草花。栽種季節草花後，相同的花壇又展現截然不同的風貌。

以紅磚建造花壇

意趣盎然的紅磚造花壇。立磚造花壇、區隔用花壇、帶狀花壇、圓形花壇等，配合庭園風格，可納入考量的花壇樣式非常多。本章節介紹的是將紅磚直立後，依序排列一層並固定後即完成的「立磚造花壇」。

▲「立磚造」紅磚花壇。納入曲線設計而充滿柔美意象。

DATA

施工長度＝約 500cm
施工時間＝約 2 日
委託專業費用＝約 12 萬日圓
DIY 材料費＝約 7 萬日圓

〈必備用品〉

材料＝澳洲紅磚167塊、細沙150kg、碎石150kg、水泥50kg。
工具＝水線、木鏝刀、鋤頭、圓鍬、手套、水平儀、三角鏝刀、勾縫鏝刀、掃把、塑膠槌、水桶、海綿、水泥耙、混合容器、尺規、單輪水泥推車。

庭園的建造要點

疊砌3層紅磚形成曲線的長形花壇。充滿柔美意象的花壇。由於花壇圍邊不高，以水泥沙漿固定磚塊，並未使用鋼筋。

即便在斜坡上也能夠如圖示疊砌紅磚打造長形花壇。

使用水泥沙漿

在此介紹只以一層紅磚圍邊構成的花壇。立起紅磚排列圍邊構成的花壇稱為「立磚造花壇」。不需要疊砌紅磚，使用一般紅磚，排列固定紅磚時使用水泥沙漿。

計算紅磚的使用數量

紅磚的使用數量因磚塊大小、疊砌方式、花壇大小與形狀而不同。

●紅磚的使用數量計算方法

〈立磚造花壇〉
100cm＝約11至13塊

〈疊砌紅磚完成長形花壇〉
100cm×1層＝約4塊×疊砌層數
計算紅磚使用量時，請參考以上計算方法。

疊砌多層紅磚時需加入鋼筋

疊砌2至3層紅磚時，以水泥沙漿固定即可。若疊砌多層紅磚時，磚塊之間需加入鋼筋。

陽台上也能夠打造賞心悅目的花壇。事實上，只以框構固定紅磚即完成，輕易地就能夠拆除。

將紅磚泡水後，能大大地提昇水泥沙漿的附著效果。當紅磚吸水飽和、不再冒出氣泡即可使用。

1 將原本以水泥製園藝資材建造的設施，改造成紅磚造花壇。紅磚不但能夠疊砌完成各種設施，還可以直立排列構成稱為「立磚造」的花壇。與疊砌紅磚打造的花壇展現截然不同的風貌。

2 以圓鍬畫出花壇的線條。建造曲線狀花壇時，以圓鍬尖端往草皮表面劃上切口，依序決定整體線條。

3 利用圓鍬挖掘土壤。挖掘土壤時考量埋入紅磚的深度，與加入水泥沙漿構成基礎等事宜。一般紅磚的長度為20至23cm，埋入深度必須達到1/3。挖掘土壤深度以10至15cm為大致基準。

4 挖掘土壤後，以鋤頭等工具適度地整平表面。只是挖掘土壤，表面容易呈現凹凸狀態，加入水泥沙漿之後難以抹平。

5 挖掘土壤之後以尺規確認深度。多測量幾處，挖不夠深部分繼續削切，挖太深部分將土堆高，儘量處理成相同深度。此步驟與花壇建設成果關係至鉅，請耐心地處理。

6 曲線狀部分以鋼筋插入幾處，依序處理成水平（level）狀態。確實地完成此步驟，以免完成花壇之後，出現高度與垂直各不相同的情形。

7 在鋼筋上作記號之後，拉上水線並測量水平。

8 調配水泥沙漿。大範圍施工時，使用單輪水泥推車更加便利。首先以水泥1：細沙3為比例調配水泥沙漿。單純混拌不加水的作法，日本俗稱「空練」，於鋪設磁磚等情況下使用。水泥沙漿調配方法請參照P.157。

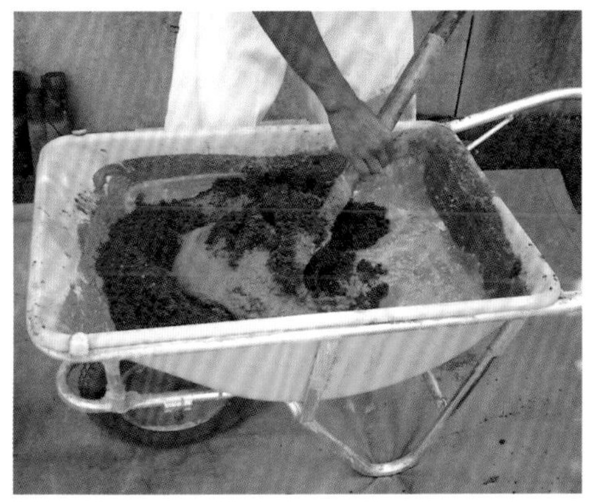

9 添加水量則因氣溫高低而略微不同。加太多水不容易硬化，加太少水易因硬化速度太快而龜裂。調配水泥沙漿時，以耳垂軟度為大致基準。加太多水時，請再補充細沙與水泥，調成適當軟硬度。

10 調配水泥沙漿之後，以圓鍬等工具鏟入先前挖好的溝槽。水泥沙漿厚度約7至10cm。

11 鏟入水泥沙漿之後，以木鏝刀抹平。以鏝刀整平水泥沙漿時，將鏝刀微微地提並移向前側，鏝刀就不會刮起水泥沙漿，將表面抹得很均勻。

12 立起磚塊排列時，磚塊上方先加上水泥沙漿，操作起來更加順利。使用三角鏝刀，由水泥沙漿容器邊上舀取水泥沙漿，並整理成長條狀後，加在磚塊的邊端。

13 磚塊的另一側邊端也以相同作法加上水泥沙漿。此時，磚塊上部不需要全面塗抹水泥沙漿。因為排列磚塊之後，先前抹上的長條狀水泥沙漿受到擠壓後，就會填滿磚塊表面。

14 磚塊頂端（最上部）部分也塗抹水泥沙漿。短邊部分抹水泥沙漿的訣竅是，使用靠近鏝刀前半的尖端部分。下半部則不需塗抹水泥沙漿。

15 將磚塊分別塗抹水泥沙漿後直立並排。磚塊間縫隙以1cm為大致基準。將磚塊靠向前一個相鄰的磚塊，並稍微擠壓後並排放置，若水泥沙漿稍微溢出縫隙時不必太在意。

16 利用塑膠槌，依序調整紅磚高度。配合先前拉的水線或以相鄰磚塊高度為大致基準。訣竅是輕敲數次，調整成相同高度。

17 直立排列紅磚後，以水平儀確認水平與垂直。水平儀用法請參照P.134。

18 利用勾縫鏝刀，修飾縫隙。刮掉溢出縫隙的水泥沙漿，不足時補充水泥沙漿。靈活運用勾縫鏝刀的技巧是，拉回時使用尖端，往前抹時使用後端。

※本書P.144至P.147 為Boutique Mook No.644「手作りガーデン総集編」P.44至P.47重新編輯後刊載內容。

19 水泥沙漿溢出後弄髒部分，以毛刷或海綿沾水清理乾淨。先以沾滿水的潮濕狀態輕刷，再以確實擠乾水分的狀態擦2至3次，確實地清理乾淨。

20 鞏固基礎避免紅磚倒掉。靠近基礎部位，加入水泥沙漿至紅磚高度約3cm處，確實地固定紅磚。

21 固定紅磚之後，回填土壤，填滿溝槽即完成花壇圍邊。

▲ 以變形磚構成的花壇。

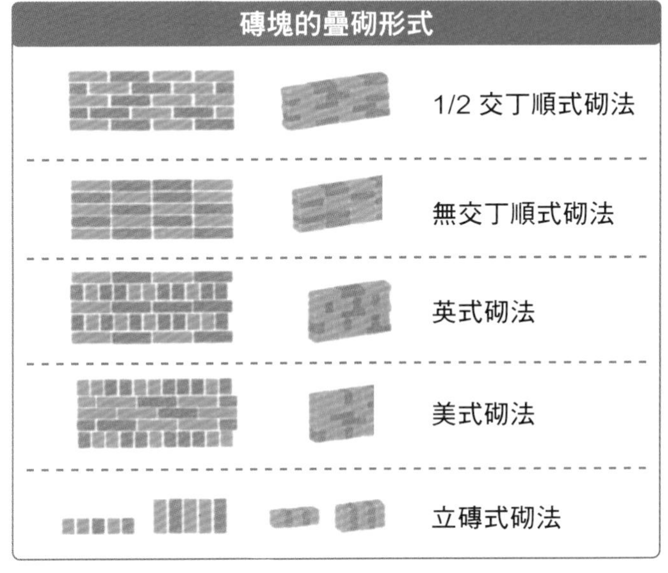

▲ 路緣石與紅磚交互構成的花壇。

▲ 以混凝土製擬真石材打造的花壇。

以紅磚風花壇組合磚建造花壇

空蕩蕩、枯燥乏味的庭園，利用「紅磚風花壇組合磚」，搖身一變成為優雅舒適庭園，作法又簡單。

紅磚風花壇組合磚

不需要接著劑！
完成設置，
即構成花壇，
超便利的組合磚。

直線類型
圓弧類型

〈必備用品〉

材料＝「紅磚造花壇組合磚」7組（直線類型5組、圓弧類型2組）、培養土25L、藍色雛菊花苗2盆、香董菜花苗5盆、西洋櫻草花苗3盆、香雪球花苗5盆、瑪格麗特1株、針葉樹（ホルザー）1株。
工具＝圓鍬、手套、移植鏟。

針葉樹（ホルザー）

瑪格麗特

香雪球

香董菜

西洋櫻草

藍色雛菊

紅磚風花壇組合磚花壇的建設方法

1 建設花壇之前空蕩蕩的庭園。進行整地。整地方法請參照P.136。

2 決定建設花壇的位置，暫時組合設置「紅磚花壇組合磚」。

3 先將紅磚花壇組合磚取出，進行挖掘土壤時，可先將範圍稍微挖大一些。

※本書P.148至P.149 為Boutique Mook No.644「手作りガーデン総集編」P.40至P.41重新編輯後刊載內容。

4 以雙手將「紅磚風花壇組合磚」壓實進土壤中，並確認擺放位置。

5 將「紅磚風花壇組合磚」的凹凸部位相互嵌合、排列，進行設置。

6 將構成花壇邊框設置完成後，再挖鬆邊框範圍內的土壤。

7 栽種植株高挑的植物（稱為ホルザー的針葉樹）於後側。初春萌發黃色新芽，不會急速長高的樹木，適合花壇栽種。

8 栽種針葉樹後，倒入培養土並混合均勻，準備栽種草花。

9 倒入培養土，充分混合後，整平土壤表面。

10 將事先準備的花苗預先擺放、協調整體的平衡。

11 種入所有苗株即完成花壇。朝著植株基部充分地澆水。

以花壇組合磚建造屋前庭園

「花壇組合磚」是設置後黏合即可構成花壇邊框，使用超便利的庭園建設資材。設置時不使用水泥沙漿也OK。花壇組合磚材質為混凝土，因疊砌完成的設施充滿天然石材風情而廣受喜愛。花壇組合磚大致分成直線類型與曲線類型，活用組合方式即可完成賞心悅目的花壇。

完成尺寸

寬 300cm
深 150cm
高 20cm

▲ 花壇組合磚構成的低矮雅石庭園。曲線狀線條最賞心悅目。

DATA

施工面積＝1.4 坪
施工時間＝半日
委託專業費用＝約 20 萬日圓
DIY 材料費＝約 10 萬日圓

〈必備用品〉

材料＝花壇組合磚（直線類型10組、最上層石板10組）、腐葉土、赤玉土、培養土、化學肥料、混凝土接著劑、抑草墊。

工具＝混合用容器、水泥耙、水桶、水平儀、圓鍬、海綿、手套、塑膠槌、鐵耙、掃把、移植鏟。

「花壇組合磚（重現天然石材風情）」為混凝土材質擬真石材，有多種類型，適合營造天然石材風情。圖示為一般規格花壇組合磚，可透過園藝用品賣場洽購相似商品。

花壇組合磚（重現天然石材風情）

小磚

規格：メローコッツ
尺寸：長11 × 寬10 × 高7cm

小磚

規格：ウェザードコッツ
尺寸：長11 × 寬10 × 高7cm

最上層石板

規格：メローコッツ
尺寸：長47.5 × 寬12.5 × 高4cm

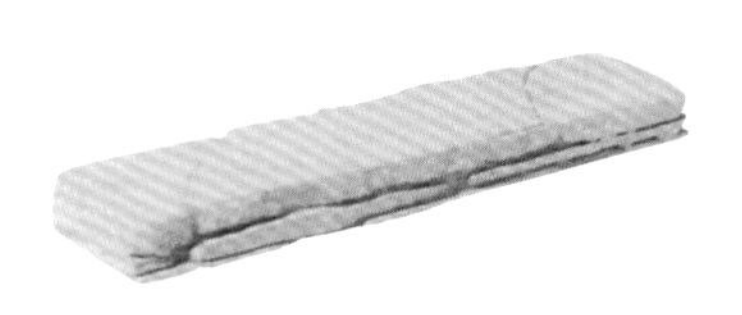

Z 型磚

規格：メローコッツ
尺寸：長58.5 × 寬10 × 高14cm

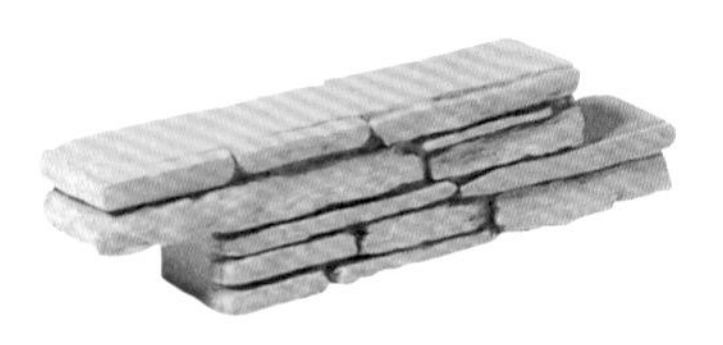

Z 型磚

規格：ウェザードコッツ
尺寸：長58.5 × 寬10 × 高14cm

最上層石板

規格：ウェザードコッツ
尺寸：長47.5 × 寬12.5 × 高4cm

以花壇組合磚建造屋前庭園的建設方法

1 進行整地，將設置花壇的空間整理乾淨。圖為混凝土鋪面的地面。

2 組合花壇組合磚，以強化塑膠被覆鐵線確實地綁緊磚塊。一旦綁緊就不會鬆動。

3 只有最上層石板以混凝土專用接著劑固定。

4 完成花壇邊框之後，靜待接著劑乾燥。

5 全面鋪設抑草墊。鋪設後即可避免植物往下扎根。

6 鋪設抑草墊之後，先倒入赤玉土，再鋪入一層腐葉土。完成此步驟之後，將能大大提升土壤的排水效果。

7 將培養土、化學肥料倒入後，再以圓鍬等工具充分地混拌均勻。

8 栽種花苗。株間（苗與苗之間）維持距離約10cm。

▲ 栽種後數日，草花扎根，欣欣向榮地生長。

9 栽種苗株後充分地澆水即完成。圖示中栽種鞘蕊花、鼠尾草、檸檬馬鞭草、秋海棠等植物。

以積木紅磚建造花壇

「積木紅磚」最適合組合構成庭園・入口通道的花壇，或遮擋栽種樹木、裝飾陽台的花盆、栽培箱。設置時不需要使用水泥沙漿或水泥，輕易地就能構成紅磚造設施。

基本元件〈組合固定後樣貌〉

扇形花壇

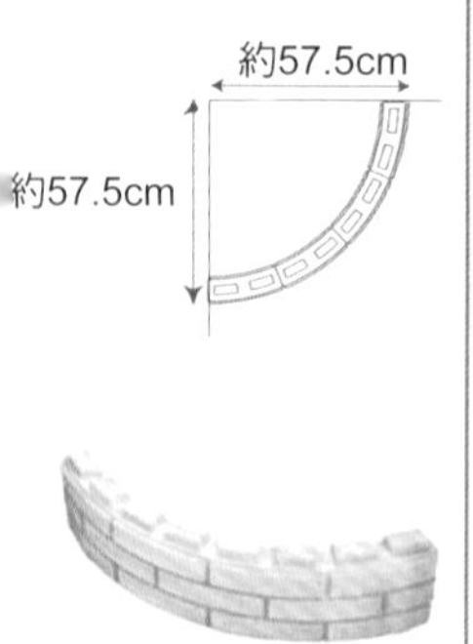

方形花壇

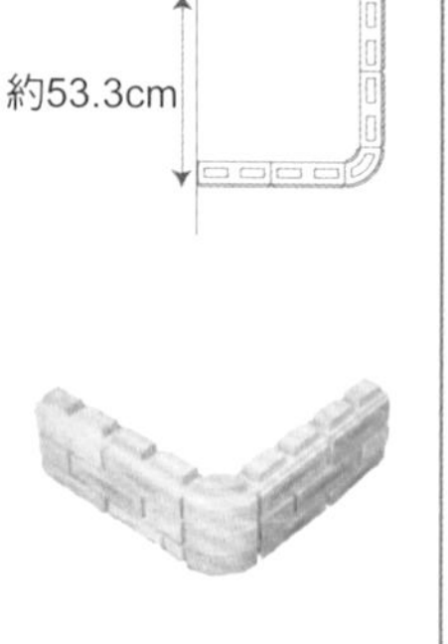

連結用直線類型元件

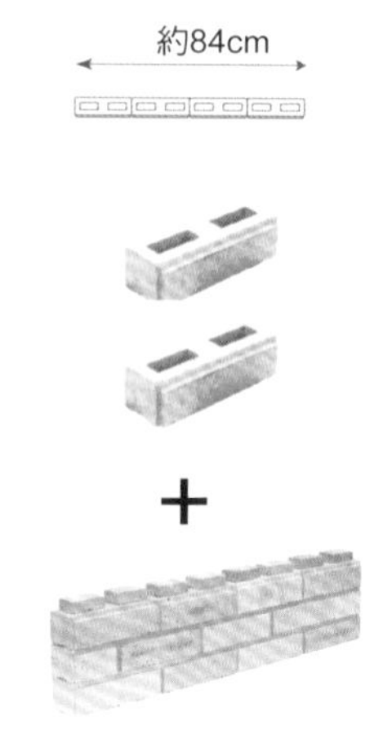

積木紅磚的特徵

疊砌（紅磚），進行固定（塑膠製固定夾），只需要重複此步驟！

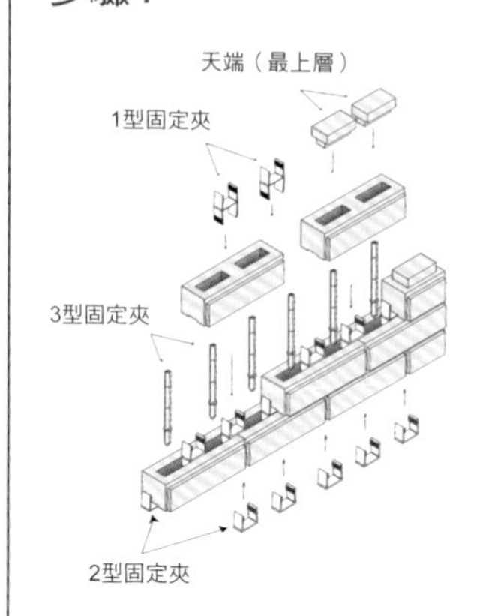

依左圖示，不需要使用水泥沙漿或水泥，以塑膠製固定夾，夾住磚塊接合部位，依序組合固定即可，因此：

1. 不需要工具！
2. 不會弄髒！
3. 作法簡單，快速完成！
4. 可自由地拆裝！

過去必須委託專業人員或施工業者完成的紅磚造花壇、陽台、花器、立式水栓等，現在只要使用積木紅磚，以DIY方式就能夠輕易地完成。

積木紅磚花壇的建設方法

1 決定花壇建設形式之後，挖掘地面。

2 挖掘的範圍約莫以磚塊的兩倍寬，深度為可埋入一塊磚，以此為大致基準。

3 挖掘溝渠後需整平底部，以雙腳踩實土壤。

4 積木紅磚底部溝槽（3處）分別插入2型固定夾。※相當於花壇邊端的溝槽不需插入固定夾。

5 確認積木紅磚頂面、底面皆正確無誤。以事先配置的2型固定夾，連結積木紅磚的兩端。

6 配置第一層積木紅磚之後，確認磚塊未傾斜。

7 由積木紅磚的頂面，跨越相鄰孔洞插入1型固定夾，接續底層的2型固定夾。

8 第二層的兩端，使用兩區專用半塊磚，然後以相同要領依序配置積木紅磚。

9 組合第二層之後，跨越相鄰孔洞插入1型固定夾，接續第一層的1型固定夾。

10 將3型固定夾分別以塑膠槌打入積木紅磚孔洞，至3型固定前端的圈狀部位完全打入土壤為止。

11 第三層組合完成後，將土壤鏟入積木紅磚上方的孔洞中，以鐵鎚柄等工具夯實土壤。

12 將天端（最上層）安裝在最上層的各孔洞中，將積木紅磚與地面之間的空隙以土壤埋填後，以雙腳踩實土壤即完成。

以 MORSCHE 建造小巧花壇

施工前

▲ 施工前。

施工後

▲ 完工後樣貌。完成賞心悅目的花壇。施工時間＝2日。

一般住宅中常見這般面積狹小的圍籬植栽空間。僅以磚塊圍邊就能夠打造充滿獨特居家風格的小花壇。立起紅磚作業時，將磚塊連結的材料中，最活躍的是園藝資材「MORSCHE」。「MORSCHE」是展新型態的即溶式水泥沙漿（Instant mortar），加水就能夠調成水泥沙漿，不需要計量，混合攪拌也很輕鬆，可更簡易地疊砌紅磚，完成庭園設施。非常推薦熱愛DIY的女性採用。

〈必備用品〉

材料＝MORSCHE（縫隙用6袋、基礎用4袋）、紅磚28塊、瓦楞紙箱適量。

工具＝水桶、水線、鐵鏝刀、勾縫鏝刀、木料、橡膠槌、戳實用棍棒。

■鐵鏝刀
常見的金屬製平面鏝刀。塗抹、整平水泥沙漿時使用。

■混練
混合攪拌兩種以上材料的作業。

■縫隙（接縫）
石材、紅磚、磁磚等材料鋪設之後形成的狹小接縫。

■水泥沙漿
水泥混合細沙與清水之後，接合磚塊等，促使硬化的庭園建設資材。

■立磚式砌法
疊砌紅磚或石塊的方式，立起紅磚短邊側（側面）之後連結固定，花壇或入口通道圍邊等設施常用。

■水線
以目測方式測量水平時所拉的線。「水」的意思為水平。

■勾縫鏝刀
刀身為棒狀的鏝刀。清除溢出縫隙的水泥沙漿時使用。

■維護保養
覆蓋保護劑等，保護設施避免受到外部影響而出現變化。

就輕鬆地 DIY 疊砌紅磚

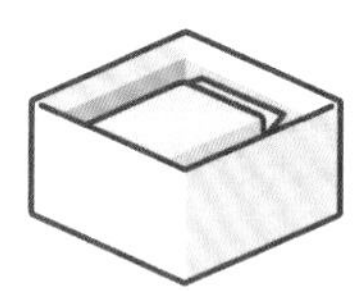

泡水後

打開真空包，取出袋裝MORSCHE泡入水中，就會自然地吸入適量水分。

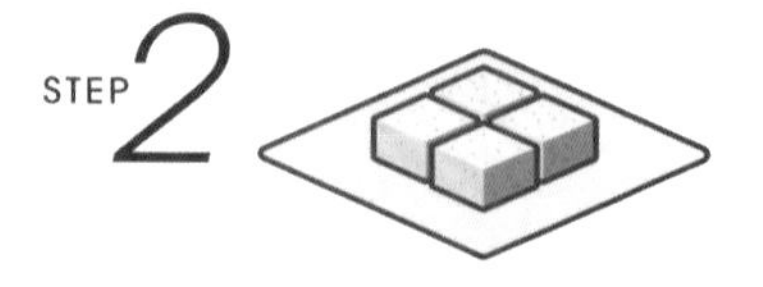

打開包裝袋

泡水約5分鐘後取出，將MORSCHE的包裝袋打開。輕輕地混合攪拌，調出適當軟硬度即完成。

STEP 3

疊砌紅磚 DIY 技巧

使用MORSCHE，就能輕鬆簡單地完成紅磚疊砌作業。使用工具少，善後整理工作也輕鬆許多。

MORSCHE 的特徵

泡水後即可使用

MORSCHE整袋泡入水中約5分鐘即完成水泥沙漿。

不需計量

不需要計量清水、水泥、細沙等。但必須確實地浸泡於水中。

輕鬆混合攪拌

不需要像使用傳統水泥沙漿般費力地混合攪拌。

不會弄髒雙手

將MORSCHE整袋泡入水中即可，不會弄髒雙手，室內施工也輕鬆使用。

MORUSCHE（即溶式水泥沙漿）的使用方法

1　準備必要份量（1袋1.5kg）的MORSCHE。

2　準備清水、容器、橡膠手套。

3　打開真空包，取出袋裝MORSCHE。

4　將整袋MORSCHE以雙手柔捏2至3次。

5　將MORSCHE整袋泡入水中。

6　浸泡約5分鐘後取出。

7　撕開MORSCHE的包裝袋。

8　輕微地混合MORSCHE，同時調節軟硬度。

※從P.157「一般水泥沙漿的調配方法」即可了解到，一般水泥沙漿通常都是袋裝，重約5至25kg，準備適量清水，經過混合攪拌才完成水泥沙漿。調配一般水泥沙漿需要工具與時間，一般人會覺得調配水泥沙漿很麻煩，而且容易弄髒衣物與雙手。而使用「MORSCHE（即溶式水泥沙漿）」時，浸泡入水中即可，不必擔心弄髒，用法簡單，初學者使用也得心應手。

MORUSCHE（即溶式水泥沙漿）小花壇的建設方法

1 準備材料與工具。
※MORSCHE的用量，排列固定時，4塊紅磚＝約1袋。構成基礎（土台）時，3塊紅磚＝約 1袋。

2 根據紅磚高度拉上水線。圖示中的水線，設定高度為紅磚上方約5cm處。將水線一端繫綁在圍籬等設施上，水線必須拉成一直線。

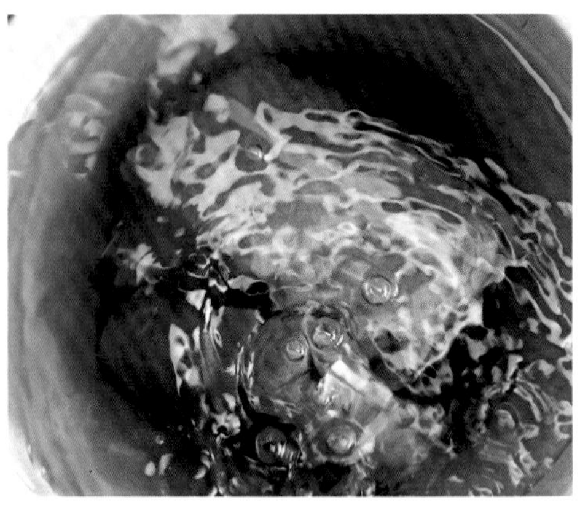

3 將自來水裝入水桶中，並將袋裝MORSCHE完全浸泡於水中。圖示中放入3袋MORSCHE，浸泡時間約5分鐘。

4 以MORSCHE打穩基礎。設置位置鋪上沙礫後，填入MORSCHE並以鐵鏝刀整平，然後立起紅磚依序並排固定。紅磚之間夾入木條，調整紅磚的位置，排列後調整縫隙為相同寬度。

5 將磚塊浸入水中，浸水後的紅磚可提昇MORSCHE附著效果，此步驟非常重要。

6 以橡膠槌敲打磚塊，微調紅磚位置。

7 依圖示修剪瓦楞紙箱，覆蓋紅磚頂面以避免沾到MORSCHE。

8 將MORSCHE填入紅磚之間的縫隙後，並以棍棒確實地戳入縫隙。由內往外，再由下往上依序戳實。

9 利用勾縫鏝刀，將紅磚頂面清理乾淨即完成。維護約24小時左右，靜待MORSCHE凝固。

一般水泥沙漿的調配方法

1 調配水泥沙漿的基本材料。準備細沙、水泥、清水、混合用容器、水泥耙、水桶、手套。

2 將細沙倒入混合用容器裡。

3 倒入細沙時，預留1/3容器空間。

4 將水泥倒在細沙上。水泥與細沙比例為 1：3。

5 倒入水泥後的狀態。

6 利用水泥耙或圓鍬，將水泥與細沙確實攪拌均勻。

7 充分地攪拌混合之後狀態。此狀態稱為「空練」。可廣泛用於鋪設踏石、紅磚等設施。

8 一邊觀察調配情況，少量多次加水，以避免加水過量。

9 充分地混合攪拌後即完成水泥沙漿。視用途而定再調配軟硬度，圖示中調成比霜淇淋稍微硬一點的水泥沙漿 。

※ 本書 P.157 為 Boutique Mook No.644「手作りガーデン総集編」P.13 重新編輯後刊載內容。

以 REN BLOCK 建造花壇

「REN BLOCK」是運用資源循環利用技術研發製作的樹脂製環保磚。相較於傳統紅磚，質地輕盈，容易重新組合運用，連女性、孩童都能夠輕易地組合成花壇。因為紅磚太笨重而遲遲沒有進行陽台美化的空間，建議不妨試試看。

何謂「REN BLOCK」？

REN BLOCK是55至60%的木質纖維素材，與40至45%黏合劑進行混合，促使木質原料本身產生熱可塑性作用、轉換成樹脂形成顆粒，經過擠壓射出成形處理之後完成的磚塊。具有降低二氧化碳排放，防止地球暖化等多重效果的環保素材。

※共有R（有突出部位）與R Cover（平面狀）兩種類型。

〈必備用品〉

材料＝「REN BLOCK˙庭園」2組、開孔塑膠布（厚0.02cm）、T型插銷 6 支、盆底網、輕石、園藝用培養土、盆苗。

工具＝園藝剪刀、圓鍬。

REN BLOCK 花壇的建設方法

3 以第2層的15塊R Cover型REN BLOCK，組合為最上層。如同步驟 2 作法，以1/2交丁相互搭接。調整磚塊位置，使顏色均勻分布，完成充滿協調美感的花壇邊框。

2 一邊往第1層與第2層REN BLOCK的交接處夾入塑膠布，一邊組合第2層的15塊R型REN BLOCK。以1/2交丁相互搭接，依序組合第1層與第2層的REN BLOCK。

1 依據完成圖尺寸，排列15塊R型REN BLOCK，完成最底層，接著鋪放菜園用開孔塑膠布（厚0.02cm），插入6支T型插銷，製作出大於完成尺寸一大些的花壇邊框。

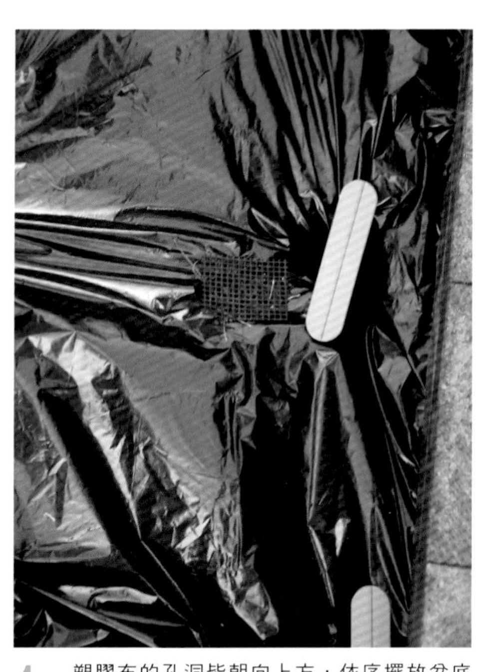

4 塑膠布的孔洞皆朝向上方，依序擺放盆底網，大致覆蓋孔洞。

5 擺放盆底網後，依圖示加入輕石，避免盆底網移動位置。

6 步驟 5 後，均勻加入輕石至看不到塑膠布的程度。

7 加入園藝用培養土至第1層REN BLOCK的高度。

8 直接放入盆苗，決定花苗的配置（Layout）位置後，再由育苗盆中取出苗株。

9 加入園藝用培養土，至距離最上層REN BLOCK表面約1.5cm處即完成。REN BLOCK剩餘數量為R型10塊、最上層R Cover型5塊。於花壇內側或側面設置棚架，或組合迷你陳列區等，盡情發揮創意構想，開心地享受花壇建設樂趣吧！

以真砂土鋪面建造省心省力的庭園

有的綠油油的草坪是人人夢寐以求的庭園，但必須辛苦地清除雜草，擺放盆栽或栽培箱下的草皮又容易枯死，必須費心地維護整理，總是讓人疲於奔命。有這方面困擾的人，不妨採用真砂土鋪裝材料。庭園道路以真砂土鋪面後，感覺就像走在泥土地上，真砂土凝結成硬塊後，下雨也不用擔心弄得髒兮兮。

▲ 鋪設真砂土與天然石材，不太需要維護整理的庭園。

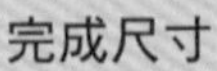

完成尺寸

寬 200cm
深 500cm

DATA

施工面積＝10坪
施工時間＝2日
委託專業費用＝約30萬日圓
DIY材料費＝約25萬日圓

〈必備用品〉

材料＝真砂土鋪面材料、天然石材、沙礫、水泥、碎石。
工具＝水桶、水平儀、圓鍬、海綿、手套、塑膠槌、水泥耙、掃把、移植鏟。

真砂土鋪裝材

標準施工鋪裝斷面圖

マサドミックス（真砂土MIX）

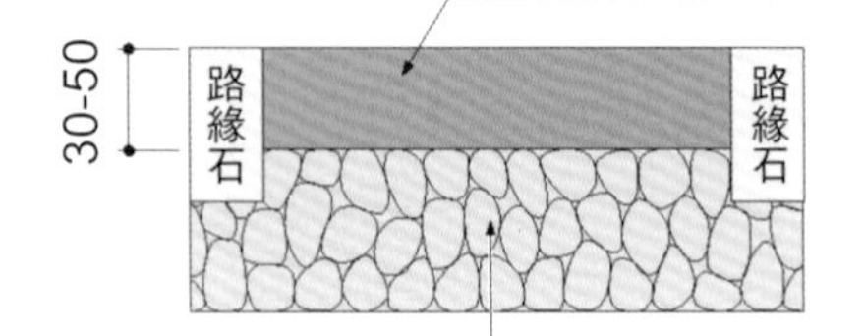

碎石路基礎或經過壓實處理的地基（視情況需要形成坡度以利排水）。

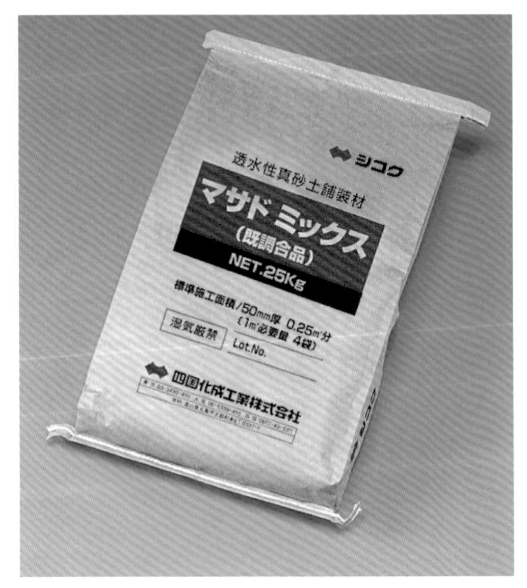

マサドミックス（真砂土 MIX）

真砂土鋪裝材是以真砂土為主要成分的鋪裝材料，加水之後就會凝固。具有防止雜草生長、避免地面泥濘等作用。圖中為四国化成工業生產的專業規格真砂土鋪裝材料「マサドミックス」，園藝用品賣場亦可買到類似產品。

商品圖片提供＝四国化成工業（株）

以真砂土鋪面庭園的建設方法

1 施工之前狀態。需先進行清除草皮與雜草、整地，將作業空間整理乾淨。整地方法請參照P.128。

2 鋪設天然石材後，鋪入水泥沙漿於間隙處以固定天然石材。並利用水平儀與水線測量水平。測量水平方法請參照P.126。

3 將真砂土鋪裝材鋪入，以木片等工具整平，以厚度約3cm為大致基準。

4 以噴水壺等容器裝水並輕輕地噴灑。避免用力噴灑造成表面凹凸不平。靜置使表面凝固。

5 充分地噴灑後的狀態。真砂土鋪裝材吸入水分之後凝固。

6 靜置乾燥約1天，真砂土鋪裝材凝固後。將表面清理乾淨即完成。

真砂土鋪面的庭園通道⋯

▶以骰子狀石塊增添視覺效果，完成賞心悅目的庭園通道。

真砂土鋪面的寬敞空間⋯

▶整座庭園皆可採用。

庭園建設工程委託流程

關建庭園流程如同興建房屋流程。施工前必須具備基本的概念、決定預算、挑選・委託施工業者、詳細檢討建設計畫與費用金額。完工後，屋主對施工品質感到滿意，即支付款項與進行移交。重點是應儘量看到實物，慎重地擬定計畫，尋找值得信賴的施工業者，簽訂委託契約之後展開施工。一起來看看庭園建設工程的委託流程吧！

採訪協力＝（株）TAKASHO、（有）庭樹園、版面設計＝橋本祐子（P.162至P.163）。

❶ 參閱雜誌＆參觀展示場形成基本概念

TAKASHO
的展示場。

眼見實物為最佳辦法

希望打造心目中的理想庭園，需先具備基本的概念！深入地考量建設庭園的目的。針對新建時的外部結構、庭園改造、配合孩子們的成長等，依照建設目的，充分地思考需要打造什麼樣的庭園。施工空間也必須事先掌握。不妨由住宅雜誌等尋找收集喜愛的施工實例，或親自前往室外設計業者的展示場，親自看看實物，廣泛地觀摩參考。此階段最好心中懷著美好夢想，以自由發想挑選庭園建設方式。

❷ 初估後決定預算

TAKASHO
的庭園改造
協力貸款網頁。

由自己決定預算

決定大致預算基準。購買土地，終於能夠實現夢想，大興土木完成獨棟建築，完工後必須面對建物等登記手續辦理、住宅貸款支付等繁雜事務而感到痛苦不堪的人，請暫時冷靜。庭園建設所需費用因規模、規格而不同，花費金額絕對超乎想像。請先冷靜地評估當前狀況下，再決定能夠毫不勉強支出的金額吧！譬如說，屋主委託建設時，具體地說出「我想建設屋前庭園，預算是30萬日圓」，施工業者就能夠提出更加實際可行的庭園建設計畫。當金額過於龐大時，不妨考慮分階段工程。此外，利用協力貸款※也是非常值得參考的辦法。※協力貸款：建築業者與銀行等金融機構簽訂合作契約，對屋主提供相關貸款的融資方式。

❸ 慎選施工業者

施工實例的圖片
＆估價單範本。

廣泛參考施工實例

確定預算之後，挑選施工業者。新建住宅落成後，建設公司可能會幫忙推薦，但也不必全然接受。重點是可參考該業者的施工實例。網路搜尋施工業者網頁上的施工實例，住家附近若有施工實例更是最佳參考。難以決定時，參考口碑評價也是不錯的辦法。找到喜愛的施工實例，知道施工業者的聯絡方式之後，請積極地聯絡，施工業者一定很樂意與你洽談。

4 委託施工業者進行現場勘查・設計・估價

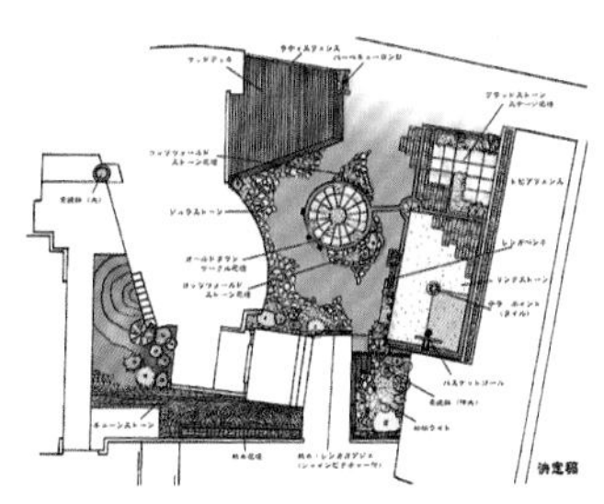

←↓平面圖（左）&透視圖（右）。相較於平面圖，透視圖可以更加清楚地了解庭園的整體意象。

評估書面計畫

選定施工業者之後，委託進行現場勘查、設計、估價。誠信經營的施工業者一定會仔細聽取屋主需求，提出多個建設方案。近年來，以CAD（電腦繪圖軟體）等完成，更加立體逼真的透視圖（設計圖）越來越常見。除了看建築設計圖之外，也請施工業者前往現場進行勘查吧！委託估價通常不必付費，委託製圖（平面圖、透視圖）則需支付設計費，因此委託前必須清楚確認。慎重起見可邀請二至三家施工業者進行比價。

5 簽訂契約後磋商細節

←↑磚造設施的施工現場（左）與磚塊的照片（右）。尤其是磚塊顏色等，決定前眼見實物較確實。

慎重地重複確認規格・尺寸

決定具體的計畫。施工之後才變更計畫，易導致工期延宕、必須追加預算等問題而徒增困擾。屋主必須充分地考量後才決定。再次進行透視圖變更或重新估價，勝過於貿然決定而後悔莫及。透過型錄挑選磚塊時，難以掌握磚塊色澤，因此需要求施工業者提供實物挑選會更確實。磚塊氛圍各不相同，難以作出決定時，才委託施工業者。工期較長等情況下，不乏先支付訂金（預付工程款）的情形。訂金大致以工程款的 30 至 50 %為基準。

施工

施工現場。施工期間較長時，完工之日總是令人引頸期盼。

透過雙方互動溝通&信賴後順利地展開施工

雙方對於計畫與金額達成共識之後展開施工。施工時，屋主能會同於施工現場為最佳。即便完全遵照書面計畫進行，施工時，難免出現一些不知道該如何處理的細節。書面上是這麼計畫，但現在應該這麼施作比較理想，施工業者提出類似建議時，屋主若能立即作出決斷，施工計畫一定會進行得更加順利。最重要的是當屋主說出「作得很好！」這句話，施工業者聽到屋主的贊許，一定會更加努力。庭園建設不是靠業者單方面的努力就能夠完成，而是靠屋主與施工業者攜手共創。

完工・付款

完工後屋主很滿意，款項支付就會很順利。

滿意度為順利付款的先決條件

順利完工之後支付款項，重點在於業者對於施作成果感到很滿意。滿意度與順利付款息息相關。若有不滿意之處或希望業者作得更理想的部分，必須在完工前，於正式的場合（現場）一併說明清楚。計畫完成後，不盡滿意時，可追加工程。與其等完工之後另行委託施工，不如立即解決更有效率。屋主感到很滿意時，施工業者即可依照雙方約定的付款期限、檢據請款，屋主付清款項後，庭園建設計畫告一段落。請款流程為請款→核准→付款。

用語解説

ア

R
曲線。「形成R」、「運用R」等是室外設計界常見用語。

觀賞焦點（Eye Stop）
設置在住宅正面等，吸引目光的事物，例如：象徵樹、門柱等設施。

鍛鐵
將生鐵（Iron）熔煉之後加上裝飾物的鑄造物，常用於製作門、圍籬等設施。

硬木、鐵木（Ironwood）
堅硬如鋼鐵的木料。

鐵門
以鐵（Iron）打造的門組。

入口通道（Approach）
大門入口通往玄關的通道。

洗石子
處理地板表面的泥作工法之一。水泥沙漿或混凝土尚未完全乾燥凝固，即以水柱沖刷促使材料中骨材（細沙、沙礫、石塊等）露出的加工方法。

傳統古磚（古董磚）
拆除老舊建築物之後回收利用的舊磚塊。易出現局部變色或缺角等情形。因素樸風味而廣受喜愛。常用於鋪設通道、疊砌圍牆。日本採用的傳統古磚大多仰賴國外進口。

一年生草本植物
種子發芽後至植株成長、開花、結果、枯萎為止，生長期間為一年的草本植物。

連鎖磚（Interlocking）
鋪面用混凝土磚種類之一。尺寸、形狀、顏色豐富多元，主要用於鋪設停車空間（車庫等）、入口通道。鋪設時以細沙填補縫隙（接縫），不使用水泥沙漿，因此透水性良好，不會因為下雨而積水。連鎖磚不是表面平直的磚塊，鋪設時凹凸部位相互嵌合以避免錯開。

木結構露台、平台（Wood Deck）
木造的露台、平台（Deck）。通常以突出形式設置於起居室外部。

室外結構（Exterior）
直譯為建築物的外部、外觀。日本當地使用意思同外構（外部結構），是整棟建築的附屬設施、景觀陳設、室外結構、庭園建設之總稱。近年來更廣泛地指稱大門、圍牆、入口通道、植栽、庭園等設施美化。

FRP（Fiber Reinforced Plastics）
玻璃纖維強化塑膠。熱固性樹脂複合材料。木造住宅的陽台、屋頂花園等設施廣泛採用的防水材料。除了製造水池、擬真木料、擬真石材等製品之外，也用於製作門組、信箱等。

園路
設置於庭園與庭園之間的庭園小通道。

滑升門（Over Door）
整扇門往上滑升開啟至設施頂部的門。室外設計界亦稱設置於車庫等設施，快速地往上滑升的平板摺疊捲門。

開放式設計（Open Style）
室外設計手法之一。指面向道路呈開放狀態，以植栽為主體的室外結構。

方尖塔型花架（Obelisk）
仿效方尖塔形狀的支柱（支架）。引導蔓性植物攀爬時採用。

子母門
由不同大小的兩扇門組合而成的雙開門。

カ

車棚（Carport）
有頂無牆的停車空間。亦指停車空間的屋頂。

笠木（上橫樑）
設置於圍牆、門柱等設施最頂端的橫樑。

叢生型
一個植株長出多根主幹而狀似樹叢的樹木。

擬真石材
混凝土材質，維妙維肖地仿製天然岩石的石材。製作時可能混入天然石材的細粒。

植草縫隙
栽種植物的鋪面縫隙。本書中指混凝土之間留下縫隙，填入土壤，栽種植株矮小的地被植物等而形成的狀態。

封閉式設計（Closed Style）
室外設計手法之一。圍繞住宅設置門組與高聳圍牆，隱密性絕佳。

造景用沙礫
沙礫種類之一。表面進行著色、塗裝、研磨、削切等加工處理，充滿創意巧思的沙礫。

造景磚
混凝土磚種類之一。表面進行著色、塗裝、研磨、削切等，揮灑創意進行加工處理的磚塊。

喬木
樹高3公尺以上的樹木。

松柏科植物（Conifer）
針葉樹的總稱。

サ

Circle Stone
石材鋪設成圓盤狀的庭園造景。使用天然石材或人造石材。庭園露台、花壇廣泛採用的設計。

Sign
姓氏名牌。

日光室（Sunroom）
設置於起居室前的廳室。

下草
搭配庭園樹木、石燈籠、雅石造景等，種在植株（或設施）周邊地帶的草本植物，或灌木類、小竹類、蕨類等植物。

宿根草（多年生草本植物）
草花、雜草、香草等，一到休眠期，植株枯萎，留下根部或地下莖，邁入生長期再度發芽，年復一年繼續生長的植物。

主庭（主要庭園）
住宅基地內最主要的庭園，又稱Main garden。

植栽
栽種樹木花草。栽種場所也稱為植栽。

Symbol Tree（象徵樹）
庭園裡最具象徵（Symbol）意義的樹木。

半封閉式設計（Semi Closed Style）
室外設計手法之一。圍繞建築物設置圍牆，但部分留下縫隙，外部可穿透看見內部，降低封閉感的設計。

船舶照明設備（船燈）
船舶使用的照明設備。特徵為燈光照射距離很遠，又稱Marine light。

Zoning
區域劃分。配合居住方式、庭園住宅基地條件，大致劃分成大門周邊、停車空間、入口通道、主要庭園等區域。

雜木
自生於山野地區的天然樹木。

タ

地被植物
覆蓋土壤表面似地蔓延生長的植物。又稱Green cover。

蔓性植物
莖部細長的蔓藤狀植物。

低木（灌木）
樹高30公分至150公分的樹木，主要稱灌木。

Terracotta
義大利語，意思為素燒陶盆。

頂端
物品的最上部或頭頂部的面，又稱上端。

動線
人類工作、移動時的身體行動軌跡。原則上，不同類型動線不交叉、動線越短越好，但入口通道等設施的動線設計上則越長越有利。

防護牆
避免取土、壟土時坡面或崖面崩塌的保護措施。通常以砌築擋土牆、疊砌石材、打入板樁（木製、鋼鐵製）、疊砌磚塊等方式構成防護牆。

泥地
泥土地面。原本指建築物內部維持泥地狀態的部分，亦指地板未進行鋪面的泥地狀態。

格柵（Trellis）
西洋風庭園特有設施，通常以狹長板材組合構成格子狀。

ナ

中庭
三面或四面圍繞著建築物、迴廊的庭園空間，又稱Court、坪庭。

灰泥牆
圍牆的加工方法之一。疊砌磚牆之後，以鏝刀等塗抹灰泥材料，經過表面加工的圍牆。

ハ

Pergola
西洋風攀藤架。

Perspective
透視圖。宛如親眼目睹實物似地直接畫出，充滿立體感、具有透視效果的圖案。

烤肉爐
烤肉用野外料理設施。大多以耐火磚疊砌而成。

Patio
西班牙風中庭型露台。

骰子狀小石塊（Pincolo）
裁切成邊長約9cm立方體的天然石材，又稱小鋪石。

分布斑紋
植物的葉、花、莖部等表面分布著不同顏色的模樣（斑紋）。

觀賞焦點（Focus Point）
矚目焦點。刻意地營造以吸引目光的庭園設計重點，廣泛採用雕刻、盆景、針葉樹、庭園裝飾等。同Eye stop。

前庭（Front Garden）
屋前庭園，又稱Front yard。

壁泉
庭園造景之一，建築物牆壁安裝水龍頭，開啟後狀似泉水湍流出的設施。

抑草墊
鋪於地面，抑制雜草生長，保護建築結構的園藝用資材。

マ

前庭
坐落在建築物正面的庭園。又稱Front garden、Front yard。

枕木
鋪設於鐵道下方的角材。室外設計廣泛採用的素材。

御影石（花崗岩）
庭園建設採用的石材種類之一。御影石為日本兵庫縣六甲山系出產的淺紅色花崗岩。

主要庭園（Main Garden）
同主庭。

接縫
石材、紅磚、磁磚鋪設之後，相互接合部位形成的小縫隙。

門袖（門牆）
設置於門前，取代門的牆壁。微微地遮擋外來視線，又能夠安裝信箱、姓氏名牌、對講機等。

ヤ

引導
引導蔓性植物等依附支柱（花架）往上攀爬的作業。

格柵、格子牆（Lattice）
以板材等材料斜向組合構成格子狀的柱狀設施或圍籬。

不規則鋪貼
石材的鋪設手法之一。大小石塊自然地鋪貼構成優美景觀。

立式水栓
設置成柱狀的自來水栓。

Wrought Iron
鍛鐵。鐵塊經過高溫加熱之後，以鐵鎚敲打，分別完成的製品。常用於製作門組等。

參考來源：
●「エクステリア・ガーデンデザイン用語辭典（室外設計・庭園設計用語辭典）」豬狩達夫監修、E&G ACADEMY用語辭典編集委員會編著／彰國社
●「坪庭・小庭作り」吉河功著／BOUTIQUE出版社

綠庭美學 09
Green garden aesthetics

角落小花園

活用平面＆立體畸零小空間 打造療癒植物家

作　　者／BOUTIQUE-SHA
譯　　者／林麗秀
發 行 人／詹慶和
執行編輯／詹凱雲
編　　輯／劉蕙寧・黃璟安・陳姿伶
執行美編／陳麗娜
美術編輯／周盈汝・韓欣恬
出 版 者／噴泉文化館
發 行 者／悅智文化事業有限公司

郵政劃撥帳號／19452608
戶　　名／悅智文化事業有限公司
地　　址／220 新北市板橋區板新路 206 號 3 樓
電　　話／(02) 8952-4078
傳　　真／(02) 8952-4084
電子信箱／elegant.books@msa.hinet.net

2023 年 9 月初版一刷　定價 580 元

經銷／易可數位行銷股份有限公司
地址／新北市新店區寶橋路 235 巷 6 弄 3 號 5 樓
電話／(02)8911-0825　傳真／(02)8911-0801

國家圖書館出版品預行編目資料

角落小花園：活用平面 & 立體畸零小空間 打造療癒植物家 /BOUTIQUE-SHA 編著；林麗秀譯. -- 初版. -- 新北市：噴泉文化館出版：悅智文化事業有限公司發行, 2023.09
面； 公分. -- (綠庭美學；9)
ISBN 978-626-96285-5-1(平裝)

1.CST: 庭園設計 2.CST: 造園設計

435.72　112002647

STAFF

主　編　東宮千鶴
責任編輯　東宮千鶴
書籍設計　橋本祐子、牧陽子、紫垣和江